农业防灾减灾指导手册

农业农村部种植业管理司 组编

王龙俊 蒋小忠 张佩 谢静静 编著

江苏凤凰科学技术出版社·南京

图书在版编目（CIP）数据

农业防灾减灾指导手册 / 王龙俊等编著 . — 南京：江苏凤凰科学技术出版社，2023.12（2024.12 重印）

ISBN 978-7-5713-3773-5

Ⅰ . ①农… Ⅱ . ①王… Ⅲ . ①农业 - 自然灾害 - 灾害防治 - 手册 ②农村 - 灾害防治 - 手册 Ⅳ . ① S42-62

中国国家版本馆 CIP 数据核字 (2023) 第 180614 号

农业防灾减灾指导手册

编　　著　王龙俊　蒋小忠　张　佩　谢静静
策划编辑　沈燕燕
责任编辑　韩沛华
责任美编　徐　慧
责任监制　刘文洋
责任校对　仲　敏

出版发行　江苏凤凰科学技术出版社
出版社地址　南京市湖南路 1 号A楼，邮编：210009
出版社网址　http://www.pspress.cn
照　　排　江苏凤凰制版有限公司
印　　刷　江苏凤凰通达印刷有限公司

开　　本　890mm×1240mm　1/64
印　　张　1.4375
字　　数　36 000
版　　次　2023年12月第1版
印　　次　2024年12月第4次印刷
印　　数　23001~28050

标准书号　ISBN 978-7-5713-3773-5
定　　价　14.80元

《农业防灾减灾指导手册》编撰人员

编　　著　王龙俊　蒋小忠　张　佩　谢静静

视频制作　孙　艳　张　蓉　王雁君　许　敏

审　　稿　刘布春　游松财

目录

序号	小视频主题	页码
1	遇到城市内涝该怎么办	8/32/52
2	洪水来临如何避险	32/52
3	暴雨来了应该如何防御	32/52
4	高温来了应该如何防御	36
5	台风来临如何避险	40/58
6	龙卷来了怎么办	44
7	遇到雷电怎么办	46/56
8	秋冬大雾当道该如何防范	60/62/72

小视频二维码手机扫码播放说明（扫码时请注意页面平整，光线充足）

方法 1：打开微信“扫一扫”→扫描二维码→点击“继续访问”→点击播放箭头 ▶

方法 2：打开手机任意浏览器（如 UC 浏览器）→点击右上方搜索框中“相机”图标→扫描二维码→点击播放箭头 ▶

小视频汇总

前言

农业是受自然灾害影响最大的产业。中华人民共和国成立特别是改革开放以来，通过农业科研与生产实践，我国在揭示农业灾害规律、完善灾变机理研究与发展防灾减灾技术等方面取得了长足进展，并在农业生产中发挥着重要作用。党和国家领导人历来都非常重视防灾、减灾、救灾工作，在建立高效科学的自然灾害防治体系、提高全社会自然灾害防治能力、为保护人民群众生命财产安全和国家安全提供有力保障等方面都做出了重要指示和部署，农业部门联合有关部门认真贯彻落实相关工作，确保国家粮食安全和重要农产品有效供给。

农业灾害是指对广义的农业（农、林、牧、副、渔）生产构成严重威胁和造成重大损失的自然灾害，包括农业气象灾害、农业生物灾害、农业水文灾害、农业地质灾害等，其中农业气象灾害造成的损失最大。本手册以一年四季为主线，系统梳理了我国主要农业气象灾害，包括由水分因子引起的旱灾、洪涝、雪害、雹害等，由温度因子引起的热害、冻害、寒害、冷害等，由光照因子引起的寡照、日灼等，由风因子引起的风害，由多气象因子综合作用引起的北方干热风和冻涝等。这些灾害既可能对农业生产（主要针对农作物）造成胁迫或破坏，又可能对农村生活、环境（可延伸至养殖、加工、物流等副业）造成不利影响。但这类灾害往往社会关注度不够、知识点零散、现有实用读物甚少，需要一本科普手册提醒防范、早做预案、防灾减灾、及时补救。确立编撰《农业防灾减灾指导手册》（口袋书）的指导思想是：立足于服务农业、农村、农民，通过对农业灾害的系统梳理、分析和提炼，汇总成一本便于携带和保存的实用手册。本书期望达成以下目标：一是阐明我国农业气象灾害的发生区域、规律及对农业生产、农村生活的影响，展示我国现阶段农业防灾减灾理论与技术研究的成果，形成系统介绍我国农作物特别是粮食生产过程中可能发生的灾害及防灾减灾技术手册；二是指导，为从事农业农村工作的同志提供借鉴，为广大农民朋友的生产生活提供参考；三是科普，为广大青少年及爱农群体了解、学习农业和防灾减灾知识提供科普读本，也可为农业教育提供新的趣味参考手册。

编写组按照四季（春、夏、秋、冬），梳理出我国常见的与农业生产密切相关的气象灾害39种。对每种农业灾害的编撰包含灾害的形成（含义）、灾害影响与评估、防御与补救等，并配图说明。限于篇幅，对某些科普要素不太能够详尽叙述和生动展示的，书中附有二维码，读者通过扫码小视频链接，在不增加费用支出的基础上，用日趋普及的手机或平板电脑，使读者利用碎片化的时间即能更详尽、更直观地学习相关知识和技术，扩大知识面和增强直观感，提高本手册的易读性和吸引力。

本书由王龙俊、蒋小忠、张佩、谢静静主编，农业农村部防灾减灾专家指导组的相关专家提供了宝贵的编撰资料并审稿把关，在此深表谢意！希望这本按季节索引的《农业防灾减灾指导手册》能为农业行政主管人员迅速了解和指挥生产提供参考依据，为农业科技推广人员迅速走进生产实际提供技术支撑，为广大农业生产者迅速掌握农业防灾减灾知识和技能提供技术指导，为先进的农业新技术、新产品提供推广平台，成为指导农业科技推广、农民科学种田、农村实用培训的优秀科普作品。

《农业防灾减灾指导手册》编辑委员会

2023年10月

春旱

别名	春季干旱				
易发区域	我国大部分农区均可发生，北方尤甚				
易影响作物	越冬作物、春播作物，牧草等				
易发月份	2	3	4	5	6

灾害形成 干旱是指在当前的农业生产水平条件下，因较长时段内降水量远少于常年平均值，影响农作物正常生长发育并对其造成损害的一种农业气象灾害。按照季节可分为春旱、夏旱、秋旱、冬旱。

春旱的常发区主要是秦岭—淮河一线以北（北方地区），特别是华北平原和西北地区，几乎年年发生，素有“十年九旱”和“春雨贵如油”之说，春季降水少，蒸发强，干旱频发。春季受高压控制，降雨少。其余地区偶发春旱，局部重发。广东南部沿海地区和海南岛西南部重度春旱年占所有春旱年的31%~63%，广西西部春旱年达70%~90%，云南省春旱占所有旱灾的70%以上。1978年江苏省发生干旱，从春季的3月开始，延续至1979年6月，连续干旱超过250天。

油菜花期干旱

灾害影响与评估 春旱影响春播作物和牧草的播种及苗期生长，难以完成适时播种或播种后因土壤水分不足而不能萌芽，表现出缺苗断垄；即使萌芽出苗，也因水分不足而生长纤细瘦弱，叶片淡绿带黄，生长缓慢；越冬作物及宿根牧草返青、发芽迟缓，长势衰弱，分棵减少。冬小麦表现为植株矮小，根系活力下降，分蘖停止发生，并引起叶片失绿、光合作用效率降低、原生质结构受到伤害，生长速度变慢或停止等功能器官的生理失常。油菜春季遇干旱可导致油菜营养生长与生殖生长矛盾加大，花期缩短，且对硼吸收困难，造成“花而不实”，产量和含油率显著降低。

在我国北方气候寒冷干燥的地区，果树、林木越冬后遇春旱，枝条严重失水而干枯，形成抽条现象。抽条轻的果树、林木，部分枝条失水干枯，造成树冠残缺不全，树形紊乱；抽条重的则整个树冠乃至主干全部干枯死亡。例如 1957 年宁夏一些幼龄果园抽条死伤率达 50%~72%。另外，春旱还表现在同一果树和树木的发芽参差不齐，开花推迟，落花、落果较为严重。

防御及补救 ①深耕深松土壤。深 23~30 cm，使活土层深度增加，蓄水保水能力提高。②中耕锄草。消灭杂草，减少其对土壤水分的消耗，同时切断土壤毛细管，使下层土壤的水分不能输送到土表，减少水分蒸发，起到保墒作用。③覆盖减少蒸发，提高土壤含水量。多采用秸秆和地膜等覆盖农田。④加强抗旱服务组织建设，完善农业社会化抗旱服务体系。⑤科学浇灌春水。掌握在冷尾暖头、夜冻日消时及早采用喷灌或沟灌洇水方式抗旱，一般每亩（我国农业生产中常用面积单位，1 亩 ≈ 667m^2。）灌水量 50 m^3。久旱之后切忌大水漫灌，防止表土层板结。⑥使用抗旱剂等化学产品。“旱地龙”“保水剂”等拌种或喷施，可以明显提高出苗率，促进壮苗。

适时浇灌春水

凌汛

凌汛		别名	冰排		
易发区域	北纬 30° 以北的江河，东北、黄淮海等地区				
易影响作物	夏熟作物、春播作物				
易发月份	2	3	4	5	6

灾害形成 当春季开河时，冰凌堵塞河道，对水流产生阻力引起江河水位明显上涨，使江河堤防漫决，造成灾害。它是地处较高纬度地区河流的特有水文现象，通常发生在冬季的封河期和春季的开河期，俗称“冰排”。凌汛主要受气温、水温、流量与河道形态等几方面因素的综合影响，其形成的条件有：一是有冰期的河流；二是从较低纬度流向较高纬度的河段，且较明显的南北流向。我国北纬 30° 以北的江河均存在凌汛现象，如黄河、黑龙江、松花江等，黄河凌汛的发生频次和规模远高于其他地区，往往造成较大灾害，是防凌的重点流域。

凌汛

灾害影响与评估 凌汛的发生与江河所处的地理位置密切相关，河流下游的纬度高于上游，产生封冻时下段早于上段，解冻时下段迟于上段，再加上江河中一些河段弯曲狭窄，封冻流冰期，易形成冰塞洪水；解冻流冰期，易产生冰坝洪水。其结果轻则漫滩，重则决堤成灾，淹没农田。2007—2008 年，由于封河期封冻冰盖偏厚、封河长度长、槽蓄水增量偏大，开河期巴彦淖尔市乌拉特前旗三湖河口水文断面水位数次刷新历史最高。2008 年 3 月 20 日凌晨内蒙古杭锦旗独贵塔拉镇奎素段黄河大堤发生凌汛决口，受灾面积 106 km^2，受灾群众 10 241 人，直接经济损失达 6.9 亿元。

防御及补救 防御措施 ①修筑和加固河堤。②在上游修建水库，利用水库调节流量。③加强水利工程建设，完善排水系统，提高河道的输水能力。④加强土地治理，改善土壤质量以增加土壤透水性，减少地表径流的形成。⑤加强凌汛监测预警，实时爆破疏通。

补救措施 ①合理选择时机实施破冰凌，疏通河道，以快开河时破冰效果最佳。②若已播春大豆地块遇凌汛，则应及时补种。

春 涝

春涝	别名	桃花汛			
易发区域	江南华南、西南、长江流域、沿海地区				
易影响作物	越冬作物，春播作物等				
易发月份	2	3	4	5	6

遇到城市内涝该怎么办

灾害形成 洪涝灾害一般由长时间降水过多或区域性暴雨及局地性短时强降水引起，可分为洪水、涝害、湿害。在我国，洪涝灾害主要发生在长江、黄河、淮河、海河的中下游地区，且一年四季都有可能发生。春涝主要发生在南方地区或长江流域，发生频率为10%~30%。

2015年江苏苏中地区3月17日春涝麦田

春涝以湿害为主，有时也成涝害。以华南和江南南部发生较为频繁，东北的三江平原早春大量融雪和沿江出现凌汛时也可发生春涝。有的地区又称之为桃花汛，常由连阴雨造成。

灾害影响与评估 春涝带来的损失极大，洪水波及范围广，破坏性极大，不但淹没房屋，造成大量人员伤亡，还淹没农田，毁坏作物，导致作物大幅减产，甚至造成饥荒。洪水还会破坏工厂厂房、通信与交通设施，造成国民经济的损失。

春涝对农业的危害：一是降低作物光合作用效率，同时作物花器发育不良，花数减少，影响授粉、受精，并进一步影响灌浆，导致作物空壳（粒）增加。二是降低果树坐果率，抑制果实膨大，影响果树花芽的形成，使花芽减少，影响产量。三是田间长期积水，土壤长期处于水分饱和、过饱和状况，影响作物根系呼吸。四是引起某些病害的发生和流行。阴雨、高湿容易引起小麦锈病、赤霉病、白粉病和油菜霜霉病的流行发展，造成春播作物如棉花枯萎病、炭疽病的流行。五是造成南方早稻烂秧。连阴雨天气常常伴随着低温，易引起早稻大面积烂秧死亡。

春涝对生态环境的影响：一是冲毁农田及其设施，使其失去耕种条件。二是加剧土壤盐渍化，对农业生产和生活环境带来严重危害。三是水土流失带走大量土壤及养分，导致土壤贫瘠化甚至“沙漠化”。

防御及补救 **防御措施** ①种草种树，减少地表径流和水土流失，防止或减轻暴雨造成的灾害。②修筑水库拦蓄河水减少流量，防止暴雨引发洪涝灾害。③根据暴雨发生规律，确定适宜的种植制度，选择耐雨、耐涝作物。④调整播栽期，避免作物关键生育期与暴雨高峰期相遇。⑤合理开沟，降低地下水位，使地表水、潜层水和地下水能及时迅速地排泄出去。

补救措施 ①对土壤水分饱和地区，抢抓晴好天气散墒、整地，利用大机械及早耙捞地，加快排水降渍。对明水多的地块，采取挖排水沟、积水坑、疏通沟渠和机械强排等措施，抢排积水，排水散墒。②落实关键技术。华南早稻地区充分利用水稻育秧大棚抢积温的优势，实行智能催芽，育好秧、育壮秧。春播玉米采取晒种、包衣、催芽播种，对土壤湿度大、播期推迟的地块，及时更换生育期较短的品种或播前晒种 1~2 天，提高发芽率、灭杀病原菌。③采取药剂拌种和包衣技术，防治苗期病虫害。④采取播前催小芽，加快出苗，确保一播全苗。

春季连阴雨

春季连阴雨	别名	渍害、湿害			
易发区域	长江流域、江南华南、西南地区				
易影响作物	越冬作物小麦、春播作物早稻等				
易发月份	2	3	4	5	6

灾害形成 气象学上的连阴雨是指连续阴雨达 4~5 天或以上的天气现象。连阴雨的降水总量不是很大，但持续时间较长，常见于长江中下游的 3—5 月，称春季连阴雨。连阴雨出现时日照少，空气湿度大，降水量过多，并且往往跟低温相伴。对春播和育秧危害极大，可造成早稻严重烂秧减产甚至颗粒无收，也会给蚕桑和其他种养业带来很大的损失。

江苏省春季连阴雨的指标为：①连续 7 天以上，日雨量≥ 0.1 mm 的连续降水时段；②日雨量≥ 0.1 mm 天数与总天数之比≥ 70%，无雨日的日照时数 < 5 小时，总雨量≥ 10 mm；③连续 3 天无雨作为连阴雨结束；④在 3 月 1 日至 5 月 31 日出现。

河北省棉花连阴雨指标：①播种到出苗期连续 3 天以上有雨，总雨量 5 mm 以上；②蕾期连续 3 天以上有雨，日雨量 0.1 mm 以上，总雨量 20 mm 以上；③花铃期连续 5 天以上有雨，总雨量 50 mm 以上；④吐絮期连续 5 天以上有雨，总雨量 20 mm 以上。对棉花危害较大的主要是播种到出苗期和吐絮期的连阴雨天气。

浙江省早稻播种育秧期的连阴雨指标：3 月中旬至 5 月上旬日雨量≥ 0.1mm 且日照时数≤ 3.0 小时为 1 个雨日。连续 4~5 个雨日为短连阴雨（不允许间隔）；连续 6~7 个雨日为中连阴雨（不允许间隔）；连续 8 天以上（允许中间间隔 1 天）为长连阴雨。

灾害影响与评估 春季连阴雨主要影响早稻适时育秧及棉花和玉米的适时播种，还可引起水稻烂秧死苗，棉花、玉米、高粱等烂种，造成缺苗断垄而影响产量。长江中下游的春季连阴雨还会造成麦田、油菜田渍（湿）害，导致作物根系发黄发黑、降低甚至丧

失吸水吸肥能力，出现逐渐黄苗甚至死苗。中后期影响小麦抽穗扬花和灌浆，使授粉受阻、籽粒不实；影响油菜开花结实，使角果发育不正常，形成阴花阴荚，使空壳率增加，并诱发小麦锈病及油菜霜霉病、白锈病、菌核病等。

防御及补救 大田作物 ①合理安排农事活动。播种、收获等关键农事活动应避开连阴雨常发时段。②小麦、油菜要加强清沟理墒，疏通沟系，保证田内外排水畅通，做到雨止田干。③选用培育耐阴品种。粳稻品种的耐阴性一般要强于籼稻。④加强肥水管理。使水稻秧畦保持干干湿湿，促进苗情转化；增施磷肥以促进根系发育，培育壮株，增强抗逆性。⑤推广先进的壮苗技术。早稻育秧采用薄膜覆盖与旱床育秧。调节秧田小气候，一般晴天育秧棚内温度比棚外高7~8 ℃，阴天高 2~3 ℃。阴雨天视情况加盖一层膜以提高膜内温度。

蔬菜苗床 ①夜间加强保温措施。如采用双层或多层覆盖或电热线加温，保证苗床最低温度不低于 0 ℃（番茄）或 5 ℃（茄子、辣椒）。②中午利用雨停时机，揭开草帘、遮阳网等，进行短时间通风换气。

渍（湿）害导致黄苗、黄（黑）根

清沟理墒、排除田间积水

春霜冻

春霜冻	别名	晚霜冻			
易发区域	全国大部分农区（中纬度地区尤甚）				
易影响作物	越冬作物、春播作物				
易发月份	2	3	4	5	6

灾害形成 农业气象上一般将霜冻定义为：发生在冬春和秋冬之交，由于冷空气的入侵或辐射冷却，使土壤表面、植物表面以及近地面空气层的温度骤降到0℃以下，使植物原生质受到破坏，导致植株受害或者死亡的一种短时间的低温灾害。按照霜冻的发生时间，可以将其分为春霜冻（晚霜冻）和秋霜冻（早霜冻）。

1995年安徽省由于气温高，降雨降雪明显减少，小麦拔节提前，抗寒抗冻能力明显降低。2月1—5日、3月3日、3月16—18日、4月3日发生的4次霜冻，使小麦受害严重，累计受冻面积超130万hm^2（公顷），其中严重冻害超50万hm^2，小麦减产超15亿kg，其中2月初的霜冻，就废弃小麦近3.3万hm^2，4月3日的霜冻，使阜阳地区小麦受冻超30万hm^2，其中严重冻害面积超20万hm^2。

灾害影响与评估 春霜冻对农作物危害的实质是冻，真正原因是农作物组织中的溶液冻结成冰，导致其受伤或死亡。

春霜冻发生在越冬作物返青、拔节期，春播作物的苗期，果树开花期或幼果期。随着温度逐渐升高，农作物的抗寒能力大大降低，春霜冻的危害也就增加。①冬小麦拔节后遭受春霜冻危害，叶片由绿色变成褐色。严重时组织细胞结冰，叶片变硬，但仍为绿色；当

小麦春霜冻害症状

油菜春霜冻害症状

冻结的细胞解冻时，叶片变黑褐色，下垂，主茎和大分蘖被冻死。春霜冻既降低小麦亩穗数，又减少穗粒数，一般幼穗冻死株率5%~10%，严重的达20%左右，抽穗后期半截穗率达5%~10%。②营养生长期油菜遇春霜冻时，蕾薹受冻，生长受阻，导致死蕾，产量下降。棉花等春播作物幼苗会被冻伤，甚至冻死。③花期和幼果期果树易受春霜冻危害，此时气温日渐升高，果树自然休眠结束，相继进入萌芽、开花、坐果等生育期，抗寒力大为减弱。开花期、幼果期如遇霜冻，花器官组织因冻结而凋萎枯死，造成大量落花，坐果率显著降低，严重影响产量。

茶树春霜冻害症状

防御及补救 防御措施 ①选择防霜冻品种。如不同玉米品种在幼苗期（三叶期）的低温霜冻危害指标可相差4~5℃。在多霜冻害区选开花期较晚的果树品种避开春霜冻。② 适当深播。北方春玉米适当深播，即使幼苗地上部叶片冻枯，生长点仍在土壤下而受到保护，低温过后仍能恢复生长。棉花出苗后不要过早定苗，即使霜冻发生后早出的苗被冻死，还有晚出的苗可利用。在半干旱区春播后可进行镇压，既有抗旱的作用，还可防霜冻。

补救措施 ①对受冻害后有恢复再生能力的作物，可及时喷施生长素，促进生长，恢复产量。如小麦遭受霜害后，主茎和分蘖已被冻死，但分蘖节仍存活，可适时喷洒赤霉素，促进更多休眠分蘖快速生长。②加强霜后管理。霜害会破坏一部分甚至是大部分叶片，及时加强管理，促进新叶生长，尽快恢复叶面积，增强光合作用，可施加氮肥或氮磷钾复合肥等，及时浇水，并除去枯叶，在生育后期可叶面喷施尿素、磷酸二氢钾以延长叶片功能期，防止早衰。③及时改种。如受霜冻造成严重缺苗的地块要及时改种、重种。

倒春寒

别名					
易发区域	全国大部分农区				
易影响作物	越冬作物、春播作物				
易发月份	2	3	4	5	6

灾害形成 气象学上的倒春寒是指每年春季（3—5月）出现的前期暖后期冷，且后期气温明显低于正常年份的现象。具体气象指标见41页。

倒春寒主要由长期阴雨天气或冷空气频繁侵入，或常在冷性反气旋控制下晴朗夜晚的强辐射冷却等原因所造成。如果春季后期的旬平均气温比常年偏低 2 ℃以上，则认为是严重的倒春寒天气，会给农业生产造成危害，主要是发生农作物冻害现象，特别是前期气温比常年偏高而后期气温偏低的倒春寒，其危害更加严重。

依据农业气象试验结果，日平均气温≤ 12 ℃，维持期≥ 3 天，不利水稻秧苗生长。如果降温伴随着阴雨，危害就更大。各地倒春寒的时段与强度指标稍有不同。广东把粤中、粤南出现于 3 月中下旬的如下低温称为倒春寒：日平均气温≤ 10 ℃或≤ 12 ℃，维持 3~4 天或以上；或日平均气温≤ 15 ℃，每天日照≤ 2 小时，维持 7 天或以上。

倒春寒冻害后剥查冬小麦幼穗冻死及畸形、不实现象

灾害影响与评估 倒春寒可使正处于返青或拔节生长阶段的冬小麦遭受不同程度的冻害，已经播种尚未出土的棉花、水稻等农作物出现烂种，已出土的幼苗大量被冻死。冬小麦受冻后表现为最上部叶尖发白、枯死，开始时表现为开水烫状，5~7 天后枯黄，部分青枯；幼穗局部受冻，穗分化和生长发育全部或部分停止，麦穗上部或下部小穗不发育、不结实，甚至幼穗干枯死亡，成为无茎穗；严重地块主茎和大蘖受冻干枯，田间一片枯黄，产量显著下降。长

江流域早春油菜蕾薹受冻后呈黄红色，嫩薹受冻后破裂，严重时折断下垂，直至枯死；花期遇到倒春寒，易产生花而不实和分段结实现象，可导致菌核病、霜霉病加重发生。南方水稻播期遭遇倒春寒严重影响其播种出苗和生长。

清明节后出现倒春寒，断乳期的秧苗易大面积烂秧、死亡，已开花的果树坐果率降低，其他春播作物生长生育也受到严重影响。

防御及补救 防御措施 ①采用抗寒品种。②选择背风向阳的秧田适时春播，或合理育苗并调整移栽期。③做好稻田水分管理。早稻播种后两叶期以前注意通气，坚持晴天满沟水，水不上秧厢，阴天半沟水，雨天排干水。两叶以后浅水勤灌、日排夜灌。

补救措施 ①冻害发生后 2~3 天调查小麦幼穗受冻程度。叶片冻害或主茎幼穗冻死率 10% 以内不必追肥；达 10%~30% 时亩施尿素约 5 kg，每增加 10 个百分点，亩增施尿素 2.5 kg；达 80%~100% 时，亩最多增施尿素 15 kg，争取小分蘖和高节位分蘖成穗。增施的恢复肥跟正常施肥互不抵消。②油菜蕾薹期出现严重冻害时可补施约 5 kg 尿素作恢复肥。③对受害较重的果树苗木灌水，缓解低温危害。④结合春季除草，在果树苗木行株间进行浅中耕，对根部进行培土。⑤受害果树苗木适当补施肥料。

湖北荆州早稻秧苗部分黄化

湖北江汉平原局部油菜分段结荚

春季低温冷害

别名					
易发区域	华南、西南等南方地区				
易影响作物	早稻、马铃薯、玉米等				
易发月份	2	3	4	5	6

灾害形成 低温冷害是指农作物生育期间，某一时期或整个生育期间的气温低于作物生长发育要求（0 ℃以上的低温），引起农作物生育期延迟或生殖器官的生理机能受到损害，从而造成农业减产的一种自然灾害。低温冷害具有明显的地域性。

春季低温冷害是引起我国南方地区早稻烂秧和死苗的主要灾害性天气。有以下规律：①低温频率和降温强度随时间推移自北向南减小、减弱，降温地区也逐渐缩小。早稻育秧期（2 月中旬至 4 月上旬），日平均气温连续 3 天小于 10 ℃的低温（倒春寒指标）出现频率在广州为平均每年 1 次，武汉平均每年为 2~3 次，上海平均每年多于 3 次。②地形影响显著。秦巴山脉的屏障作用使四川盆地比同纬度其他地区的低温出现频率低 30%~50%，成都和上海纬度接近，但成都在早稻育秧期连续 3 天小于 10℃的低温出现频率平均每年只有 1~2 次。③根据育秧期各地区低温出现频率，对照生产中播种时间，岭南地区在 2 月中、下旬至 3 月上旬，低温出现频率平均为 10% 左右；四川盆地在 3 月下旬至 4 月上旬，低温出现频率为 10%~20%；东部沿海地区在 3 月下旬至 4 月上旬，低温出现频率为 30%~70%；内陆地区平均为 15%~40%。

灾害影响与评估 低温冷害抑制作物光合作用和呼吸作用，使其出现生理失调，生长受阻。

南方春季低温影响早稻育秧，在低温阴雨天气条件下，秧苗发生严重烂秧死苗。冬小麦生长进入孕穗阶段，因遭受 0 ℃以上低温发生危害，主要表现为白穗、小穗不孕和受冻植株基部生出新蘖，既降低亩穗数又减少穗粒数。一般幼穗冻死株率为 5%~10%，严重的达20%左右，抽穗后期半截穗率5%~10%。北方春季播种的棉花、花生等喜温作物如播种后持续低温，种子在土壤中养分消耗过多，会发生烂种。春季持续低温使蔬菜生长缓慢，产量下降，淡季缺菜更加严重。春季低温还对畜禽生长不利，特别是剪毛和抓绒之后遇冷空气或冷雨袭击易感疾病，甚至死亡。

春季低温对枇杷的影响

防御及补救 防御措施 ①选择耐低温的早熟（耐迟播）高产优质品种。②合理耕作，增春墒。早春活雪耙地、耢地，使土、雪相融，增加表土水分；此外，耕种结合，联合作业，播前、播后镇压也增墒保墒。③适期早播，缩短播期，抢用早春积温。适期早播不但可以有效利用早春返浆期的土壤水分，而且可以利用早春间歇积温。④育苗移栽，培育壮苗。⑤除草松土，加强管理。多锄、多中耕，疏松土壤，提高地温。

补救措施 ①合理施肥。增施有机肥可增温保墒；施用磷肥可壮苗早发促进成熟，防御低温冷害5~7天；低温年份水稻少施氮肥，可减轻孕穗期的冷害。②以水增温。冷空气侵入时，水稻田可采用全天灌深水或日排夜灌的办法，提高土壤温度和株间温度。③喷施水面增温剂，提早抽穗，降低空秕率。④地膜覆盖。地膜覆盖能提高地温，保持土壤水分，改善土壤养分状况与田间光照条件，从而能显著促进作物的生长和发育。⑤根外追肥。在作物生育后期根系吸收能力减弱的情况下，根外喷施磷肥、微量元素等。

春季大风

别名					
易发区域	全国大部分农区				
易影响作物	夏熟作物、春播作物、设施作物				
易发月份	2	3	4	5	6

灾害形成 中国气象观测业务规定，瞬时风速达到或超过17 m/秒即8级以上的风为大风。对作物来说，风力在6级以上即可产生危害，其大小取决于风力强度和持续时间。我国大风日数总的趋势是北方多于南方，沿海多于内陆，高山隘口多于盆地河谷。全国大风日数最多的地区为：青藏高原、中蒙边境地区和新疆西北部、东南沿海及岛屿（尤以台湾海峡地区最多）、东北松辽平原。

从冬入春，冷空气变弱，暖空气变强，冷暖空气来回推进易形成大风。同时，春季海上或陆地上常出现低气压天气系统，也容易出现大风。春季多为偏北大风，而在我国华东一带，春季大陆比海面回暖快，于是从大陆上移到海面上的空气必然失热冷却，常在这一带形成短暂的东南大风。若这时西部有低压东移或低压发展东移，就会出现较大而持久的偏南大风。

灾害影响与评估 大风灾害对农作物的危害包括机械性损伤（枝折叶损、落花落果落粒、倒伏和断根等）和生理损害（水分代谢失调，蒸腾蒸发加大，植株因失水而凋萎）两方面。农作物的受害程度因风力大小、持续时间和作物的株高、密度、行向、生育期

春季大风导致小麦倒伏

春季大风导致油菜倒伏

等而异。如小麦、油菜在开花期遇上大风会授粉不良，在成熟前遇上大风则会倒伏。小麦倒伏后一般要减产1~4成，倒伏越早，损失也越大。小麦易倒伏一是抽穗期易兜水超重，茎秆也较软；二是乳熟末期籽粒体积和鲜重达最大时，头最重。大风也影响农事活动，破坏农业生产设施，传播病原体，导致植物病害蔓延。

大风还造成土壤风蚀、沙丘移动进而毁坏农田。大风灾害有时还可加剧其他自然灾害（干旱、雷雨、冰雹、盐渍化、荒漠化等）的危害程度，如剥蚀土壤，加速土壤沙化，促使半固定沙丘活化和流动沙丘前移，加快荒漠化进程。牧区的大风可吹散畜群并影响牲畜正常采食，可使畜群的整体体质下降，抵抗疫病的能力降低。

防御及补救 **防御措施** ①选择抗风性能强、根系强大的树种植树造林，调节局地气候。②沙岗地块，农作物播种后要加强镇压力度，慎防大风刨种。③选用矮秆和茎秆坚韧的抗倒伏小麦品种，并随土壤肥力提高适当降低播量，控制基本苗数和分蘖数，以分蘖成穗为主增强抗倒能力。苗期深中耕，适当损伤根系，促进根系发育和抑制生长过旺。早春松土促进根系发育。拔节前控制水肥，不宜多施氮肥，防止中部叶片过大和基部节间过长。喷施矮壮素，缩短节间。④选用株高、重心高度适中、茎秆木质素含量高的油菜品种，应适期播种、合理密植。⑤作物种植方向要与地区盛行风向一致；对高秆作物培土加固，对林果树种进行修剪、整形、立杆支撑和绳索加固等。⑥加固农业生产设施，压实棚膜。⑦大风前收获已成熟作物。

补救措施 ①及时扶正倒伏作物。②对大风造成的缺垄、短苗地块要及时进行补种或补苗。③果树花期遇大风，应进行人工授粉，确保当天开的花当天完成授粉。④小麦、油菜成熟期遇大风倒伏的，应适时抢晴天优先收获。⑤修复受损棚体、棚膜，防止大风后降温对棚内作物带来不利影响。

春季风沙

春季风沙	别名				
易发区域	西北、黄淮海等地区				
易影响作物	夏熟作物、春播作物、设施作物				
易发月份	2	3	4	5	6

灾害形成 由于特定区域地表尘沙被大气流剧烈活动带起造成的，其特点是能见度明显下降，天空混浊。大多在北方春季冷空气过境时出现。风沙灾害分为由扬沙引起的灾害和由沙尘暴引起的灾害。前者是地面沙尘被大风吹起，使空气能见度降到 1~10 km，尘土和细沙在空中分布较为均匀；后者是大量沙尘被吹到空中，使空气能见度小于 1 km，其范围通常比前者大得多。当能见度小于 500 m 时为强沙尘暴，能见度小于 50 m 时为特强沙尘暴，这两者风沙危害更加严重。尤其 4 月、5 月，正是北方地区瓜果、蔬菜等经济作物出苗、生长子叶或真叶期和果树开花期，此时最不耐风吹沙打。轻则叶片蒙尘，使光合作用减弱，且影响呼吸，降低作物的产量；重则苗死花落。

春季风沙污染作物

灾害影响与评估 风沙会掩埋农作物、污染作物叶片、侵蚀土壤、降低土壤肥力等。作物长期遇风沙，其根系易暴露，影响生长发育，如风沙使冬小麦抽穗延迟3~7天，使大豆初花期延迟7~14天；春季早期受到风沙危害，也会使小穗数量大大减少。风沙还会刮走农田表层肥沃土壤，淤塞水库和水井等。严重的风沙还可能造成牧区牲畜伤亡，特别是放牧的牲畜，沙尘暴来临时看不清道路方向，丢失或失足坠落悬崖的情况时有发生。风沙携带的强风会毁坏农业设施，进而使内部作物受冻或被沙尘掩埋；持续的风沙天气影响设施内作物的光合积累，使其生长发育受阻。另外，风沙还会影响农村交通运输，并对农村居民身体健康造成危害。

防御及补救 防御措施 ①增加地面植被覆盖以营造风障。②调整农业生产结构。风沙灾害严重的黄淮平原，可实行粮桐间作；在山口等大风区，营建防护林，林带内种植较矮小的作物；农牧过渡区适度退耕退牧还草等。③改进农业生产技术措施。如选育矮秆、茎秆粗壮坚韧、抗风优良的品种，并调整播种期，尽量避开风沙危害期；作物种植方向要与地区盛行风向一致。④对高秆作物培土加固，对林果树种进行修剪、整形、立杆支撑和绳索加固等；对设施大棚、地膜等基础设施进行加固。

补救措施 ①遭遇沙尘天气后要及时清田整地，可通过叶面喷施或冲施滴灌恢复肥促作物生长。②及时修缮受损设施、清除残膜，同时要迅速清理棚面上的尘土，增加棚内的光照和温度。③正在田间劳作的农民应立即回家或寻找安全场所躲避；牧民应及时将牛羊等牲畜赶回圈舍或背风处躲避。

春季冰雹

春季冰雹		别名	雹子、冷子		
易发区域	全国大部分农区				
易影响作物	越冬作物、春播作物、设施作物				
易发月份	2	3	4	5	6

灾害形成 冰雹是从冰雹云（发展十分强盛的积雨云）里降落的固态降水，由透明层和不透明层相间组成，层次分明，形状有球形、锥形或不规则形。直径一般为 5~50 mm，大的有时可达 100 mm 以上。中国雹灾总体分布格局是中东部多，西部少，长江以北、燕山一线以南、青藏高原以东的地区是雹灾多发区，甘肃南部、陇东地区、阴山山脉、太行山区和川滇两省的西部地区是雹灾严重区。

冰雹灾害特征：①局地性强，影响范围一般宽几十米到数千米，长数百米到十多千米。②历时短，一般只有 2~10 分钟，少数在 30 分钟以上。③季节性强，大多出现在 3—10 月，夏季或春夏之交最为常见。④年际变化大。⑤分布范围广，我国大部分地区有冰雹灾害，据统计，全国接近一半的县城均有发生。春季的暖湿气流逐渐活跃加强，冷空气活动也较为频繁，容易导致大气发生不稳定而出现冰雹。

春季冰雹

灾害影响与评估 冰雹是由强对流天气系统引起的一种剧烈的气象灾害。冰雹由高空落下，冲击力很大，且常伴随狂风、暴雨等其他天气过程，破坏力强。冰雹下降时因机械破坏作用，使作物叶片、茎秆、花果等受到损伤，轻则枝断叶碎，重则打成光秆，甚至主茎被砸烂造成死亡；降雹后地面积压大量雹块，造成土壤严重板结；雹块内的温度在 0 ℃以下，致使作物受冻伤；因雹害机械损伤而引起各种生理障碍及病虫害等间接危害。此外，冰雹还会破坏设施棚膜、圈舍，影响农事活动等。

《冰雹等级》(GB/T 27957—2011)根据一次降雹过程中，大多数冰雹的直径、降雹累计时间和积雹厚度，将冰雹分为3级(见41页冰雹等级表)。2018年5月15日下午2时许，陕西省商南县城及周边镇遭遇持续了十多分钟的短时冰雹袭击，冰雹最大直径40 mm，致车辆、树木及农业设施受损。

春季冰雹砸毁麦穗

防御及补救 防御措施 ①在多雹地带种植牧草和树木，增加森林面积，改善地貌环境，破坏雹云条件。②加强雹云监测预警，及时实施消雹作业。③增种抗雹和恢复能力强的农作物。④下地随身携带防雹工具，如竹篮、柳条筐等，以减少人身伤亡。⑤抢收已成熟的作物及采摘已成熟的果蔬。⑥设施大棚可铺盖防护物。⑦经济林果区可架设防雹网。

补救措施 ①扶正倾斜或歪倒的植株，对损伤的枝叶进行修剪；更换受损棚膜。②及时排除冰雹融水，挖掘排水沟引导积水快速地从土地中排出。③中耕松土破除因降雹引起的土壤板结，中耕可进行2~3次。④小麦遭遇雹灾后应及时追施速效肥料特别是氮素肥料，根据土壤墒情决定是否进行浇水。⑤油菜花期前后遭遇雹灾后可施用促花肥和壮籽肥，一般每亩追施尿素10 kg、高效叶面肥和硼肥200~300 g防早衰，提高结实率和千粒重。⑥对受灾严重，造成绝收、绝产的地块及时改种适应季节的作物。如小麦抽穗前砸断茎秆，只留根茬的，仍能恢复生长，腋芽也能抽穗，并能获得三五成产量；扬花期以后砸断茎秆的应改种春播作物。玉米苗期受灾只要有残留根茬，都能恢复生长，产量损失轻。⑦及时喷药，预防因机械损伤造成病虫害大发生。

北方干热风

北方干热风	别名	干旱风、热干风、火南风、火风			
易发区域	秦岭—淮河以北地区				
易影响作物	小麦、油菜等				
易发月份	2	3	4	5	6

灾害形成 干热风是我国北方麦区在开花至灌浆成熟期发生的一种高温、低湿并伴有一定风力的农业灾害性天气。按照发生特点可分 3 类：一是高温低湿型，表现为大气高温干旱，地面一般刮西南风或偏南风，可造成小麦枯熟、瘪粒，这是最主要的干热风类型。二是雨后青枯型，表现为小雨后猛晴，高温低湿，使灌浆中后期的小麦突然青枯死亡。三是旱风型，表现为空气湿度低，日最高温度一般在 30 ℃以下，但风速较大，风向西北或西南，可造成小麦瘪粒。高温低湿型：日最高气温≥ 32 ℃，14 时空气相对湿度≤ 30%，14 时风速≥ 2 m / 秒为轻干热风日；日最高气温≥ 35 ℃，14 时空气相对湿度≤ 25%，14 时风速≥ 3 m / 秒为重干热风日。雨后青枯型：小麦成熟前 10 天内有 1 次小雨过程，雨量≤ 10 mm，雨后猛晴，3 天内有 1 天以上日最高气温≥ 30 ℃，空气相对湿度较低，有 1 天风速≥ 3 级。一般认为，在干热风的 3 个致灾因子中，“热”是主导因子，“干”居第二位，“风”则只起辅助作用。只要具备高温和干燥两个条件，即使风速

受干热风伤害的小麦

干枯炸芒

很低，也算是干热风天气。

灾害影响与评估 干热风危害机理：一是植株水分平衡失调、代谢活动受阻；二是降低光合作用速率。

受干热风影响的麦粒

正常麦粒

干热风的危害主要在于高温低湿环境造成小麦植株大量蒸腾失水发生萎蔫，影响光合作用，缩短灌浆期而导致产量减少，重度干热风可导致植株迅速枯死。高温又使植株体内物质输送受到破坏，原生蛋白质分解。小麦开花时如遇干热风，可造成不实小穗数增加；灌浆乳熟期遇干热风可造成籽实瘦，千粒重降低，产量下降；黄熟期如遇干热风可使小麦逼熟，发生“青秕”现象。小麦受干热风危害的气象指标各地区略有不同。

防御及补救 防御措施 ①选用耐干热风的小麦品种，并适时播种。②播前进行深翻或深松，增施有机肥和磷肥，春季适当蹲苗，可促进根系的发育，减轻灌浆期干热风的危害。③用氯化钙、复方阿司匹林（均为 50 kg 1%浓度溶液拌 500 kg 种子，分别堆闷 5~6 小时和 2~3 小时）等药剂处理种子，促进小麦壮苗。④在干热风来临前，用黄腐酸（抗旱剂）、石油助长剂、磷酸二氢钾、草木灰水、过磷酸钙、矮壮素等化学药剂喷洒叶面，改善小麦的生理机能，提高小麦对干热风的抗性。⑤适时合理灌溉，保持适宜的土壤水分，增加空气湿度。营造农田防护林，有降低温度、增加湿度、削弱风速和减少蒸发蒸腾的作用。

人畜健康保护 ①出现干热风天气时，户外劳作者要注意补充水分，预防中暑，准备一些防暑降温药品。②高温干燥天气容易感到疲劳和烦躁，要保证充足的睡眠和休息。③干热天气不利于畜禽健康，要注意及时补充饮用水和食盐，保持畜舍遮阴和通风。

南方高温逼熟

南方高温逼熟	别名	雨后暴热枯熟			
易发区域	秦岭—淮河以南地区				
易影响作物	小麦、油菜等				
易发月份	2	3	4	5	6

灾害形成 高温逼熟是一种高温高湿的农业灾害性天气，高温加土壤高湿或降雨导致的大气高湿，即使风速不高的情况下，也会引起严重危害。主要表现为雨后猛晴，高温高湿，暴热使灌浆中后期的小麦突然青枯死亡，造成小麦瘪粒。多见于江苏、安徽两省南部。其与干热风的差异表现在空气相对湿度≥80%，建议如下指标作为南方小麦高温逼熟灾害等级划分标准。

南方小麦高温逼熟

南方小麦高温逼熟灾害的气象指标

类型	最高温度/℃	空气相对湿度	土壤相对含水量
轻	28~30	80%~90%	90%~100%
中	28~32	>90%	>100%但无水层
重	28~34	—	有水层

灾害影响与评估 小麦灌浆阶段连续降水后土壤水分过多，透气性差，氧气不足，此时植株根系活力衰退，吸收能力减弱，而紧接着的高温暴热，叶面蒸腾强烈，水分供不应求，植株体内水分收支失衡，很快脱水死亡。麦株受害后，茎叶出现青灰色，麦芒灰白色、干枯，籽粒秕、粒重轻，产量和品质下降。如在小麦收割前遇到大于 5 mm 的降水，连续 3 天日最高气温均在 30 ℃以上的高温天气，则易出现小麦植株青枯而死，以及千粒重大幅度下降而导致的减产。

防御及补救 ①选用耐热性品种，并适时播种。不同品种小麦对高温的敏感性不同。有研究认为，花后高温对弱筋小麦和强筋小麦产量和种子活力的影响较小，中筋小麦对高温较敏感。要适期播种，播种期越迟，高温逼熟的危害越重。②小麦生育中后期叶面喷洒化学制剂，是防御干热风最经济、有效、直接的方法。拔节至扬花期喷洒草木灰水，亩用 3 kg 干草木灰加水 50 kg 浸泡 2~3 小时澄清过滤后喷液，可提高植株含钾量，增大光合强度，提高叶片含水率，促进成穗，增加每穗粒数和千粒重。③在孕穗至扬花期喷洒 0.2%~0.4 % 浓度的磷酸二氢钾稀释液，提高植株体内磷、钾量，原生质黏性增大，植株保水力增强，千粒重提高 1 g 左右，每穗粒数增加 0.5~3.0 粒。④结合后期防治病虫害，药肥（剂）混喷，一喷多防，用强力“增产素”、“春泉八八三”、“兴欣富利素”、“三十烷醇”、硫酸锌、脱落酸、硼砂或尿素等化学制剂，对在籽粒灌浆期的高温胁迫有较好的缓解效果，其中叶面喷施磷酸二氢钾对高温的缓解作用最大，其次是尿素。⑤建立农田防护林带，减弱风速，降低温度，提高空气相对湿度，减少地面水分蒸发量。

烂场雨

烂场雨		别名	烂麦场		
易发区域	黄淮海、长江中下游麦区				
易影响作物	小麦				
易发月份	5	6	7	8	9

灾害形成 “麦黄最怕烂场雨”。小满过后，5月下旬至6月上旬江淮、黄淮麦区小麦相继成熟，进入夏收关键时期，此时最怕连阴雨或大暴雨天气。如果遇到大气环流形势转换，雨季到来，北方冷空气陆续补充南下，与南方暖湿气流交汇，双方势均力敌，形成一个覆盖宽广、移动缓慢的云雨带，就会出现大范围的连阴雨或大暴雨天气（过程降水量＞50 mm、雨日≥5天；或雨日≤4天，但过程雨量较大）。特别是长江中下游地区梅雨提前、出现过早，雨水多而集中，就造成穗上发芽、发热霉变等现象。随着全球气候变化，烂场雨也在我国北方时有发生，如2023年5日下旬在河南等麦区发生烂场雨。

烂麦场

灾害影响与评估 烂场雨主要导致小麦等夏熟作物田间倒伏或穗上发芽、千粒重下降、收获期推迟、收割脱粒时掉穗落粒，或者无法适时完成收获，堆放贮藏时发热霉变等后果，使作物产量和品质大幅度下降，丰产不丰收，农户蒙受巨大损失。其中最直接的危害是穗上发芽和霉变损失。据江苏省资料：1989年6月4—15日正值淮北小麦收割、脱粒的关键时刻，出现连续大暴雨，雨量250~350 mm，致使许多麦田未能及时收割、脱粒、晒干，穗上发芽严重，千粒重平均下降了3 g，繁种田种子发芽率平均降低50%；1991年5月21日至6月10日期间雨日15天，降水量229.6 mm，日照 52.4 小时（仅为常年的 1/3），小麦灌浆受到影响，千粒重普遍下降 6~7 g，同时淮南小麦大面积形成烂麦场，发芽、霉烂损失严重；类似的年份还有 2000 年、2008 年、2009 年等。

其中穗上发芽现象是指小麦籽粒成熟后快速度过休眠期（后熟期），遇到适宜的温度（20~30 ℃）、湿度（籽粒吸水达种子重量的 40%~60%）和足够的氧气等萌发条件，就在田间或场头穗上发芽。穗上发芽过程所需要的营养物质全靠籽粒的贮藏物质，发芽 9 天后，籽粒胚乳中的淀粉和蛋白质均减少 70% 以上，脂肪含量减少 50% 以上。可见，穗发芽后，粒重降低导致减产，营养物质减少和组成发生变化导致品质下降。仅就产量损失而言，轻者减产一二成，重则减产三五成。发热霉变是指成熟的小麦籽粒在后熟期间的生理活动旺盛，一方面呼吸作用放出大量的水和热，另一方面是在进行合成作用时也要放出水分，易造成“出汗”现象，使表层种子水分显著增加，呼吸作用加强，麦堆温度升高，导致发热霉变、败坏。

防御及补救 小麦成熟收获期的特点是短促集中，烂场雨的防御补救措施有：①培育和选用抗穗发芽或早中熟、适应当地种植的小麦品种，合理搭配。②适期播种，加强田管，使小麦成熟期尽量避开当地的雨季，必要时在雨季到来之前喷洒催熟剂，可有效防止穗发芽。③抢收夺丰收。夏收前注意天气预报，早做准备，合理安排。小麦黄熟以后到达蜡熟末期要全力以赴，抢天晴、抢雨隙组织机械化抢收，收、脱、运、晒（烘）、储一条龙作业，尽快干燥入库。④已经穗上发芽的麦田要根据实际情况，分类抢收，分类存储，尽可能减少损失。

蜡熟末期及时机械化抢收

梅雨	别名	霉雨			
易发区域	长江中下游地区				
易影响作物	小麦、油菜、玉米、大豆、花生、水稻				
易发月份	5	6	7	8	9

灾害形成 是指每年初夏（6—7月）从我国江淮流域到日本南部常出现的一段降水量较大、降水次数频繁的连阴雨天气。因时值梅子黄熟而得名，又因此时温高、湿重、雨多，器物容易受潮生霉，又名“霉雨”。一般为6月上中旬入梅，7月上中旬出梅，此后盛夏开始。梅雨时间长20~30天，雨量200~300 mm，占全年雨量的20%~30%。但年际变化很大，入梅、出梅日期可相差40~45天，最长梅雨期60多天，也有些年份遇“空梅”而形成“梅子熟时日日晴”。梅雨期气温较高、雨量丰沛，十分有利于水稻、蔬菜、瓜果等多种作物生长，但湿度大、水汽附着招来霉菌滋生，给人们生产生活带来不便。

梅雨

江南青梅

灾害影响与评估 梅雨异常，会导致灾害发生，例如梅雨提前、持续高温多雨导致烂麦场（烂场雨）；若梅雨来势猛、强度大、范围广、时间长，便会引起洪涝使农田受淹，交通中断，工厂停产，人民生命财产受到严重损失；“空梅”则会造成持续性干旱。长梅雨期的多雨、高温、高湿、寡照，造成棉花蕾铃大量脱落；还会造成地下水位过高，影响作物根系正常生长。长梅雨期间的连阴雨

梅雨提前导致小麦穗上发芽

蜡熟末期及时机械化抢收并干燥入库

对处于孕穗、灌浆阶段的水稻也有不利影响，造成空秕粒增加，粒重下降；使早稻生长缓慢、生育期延迟，影响晚稻及时栽插。

梅雨来临前清沟出水

防御及补救 ①选用耐渍涝、耐阴的品种。粳稻品种耐阴性一般强于籼稻，梅雨地区要选用休眠期较长的红皮小麦品种并适期早播。②及时抢收，适时播种。播种、收获等关键农事季节应尽量避开连阴雨常发时段，及时进行抢收、适时播种。在小麦蜡熟末期抢天晴、抢雨隙，收、脱、运、晒（烘）、储一条龙作业。③加强肥水管理。遇到阴雨天，要及时进行田间排水除湿，适当增施肥料，促进根系发育，增强植株抗逆性。④及时清沟理墒。梅雨来临前应清理好田间墒沟及出水渠，疏浚居住区下水道，对露天物资进行遮盖，抢修危漏房屋，避免梅雨带给人民生活的不利影响。⑤在迟梅年或空梅年，要做好抗旱工作。

夏涝

夏涝	别名				
易发区域	南方（秦岭淮河以南）及黄淮海、东北等地区				
易影响作物	水稻、玉米、棉花等				
易发月份	5	6	7	8	9

遇到城市内涝该怎么办

洪水来临如何避险

暴雨来了应该如何防御

灾害形成 夏季，是我国降水最集中的季节，也是雨涝发生频率最高、范围最广的季节。我国长江中下游地区的洪涝几乎全部发生在夏季，特别是在梅雨、汛期容易发生夏涝。夏涝是我国的主要涝害，在长江中下游、黄淮海平原、华南、西南、东北等地发生概率较高，多由暴雨或连续大雨造成，洪涝、湿害兼而有之。长江流域夏涝会引起水稻倒伏，降低结实率和千粒重，严重时水淹没顶，颗粒无收。

灾害影响与评估 夏涝常造成小麦倒伏、籽粒不饱满，严重时麦穗、油菜荚等发芽，使收割期推迟；如已收割，但未及时脱粒，则造成霉烂。夏涝期间光照不足，水稻茎秆生长细弱，易染病害，造成水稻倒伏，降低结实率和千粒重，严重影响产量。玉米正处于生长后期，秃尖，授粉不良，籽粒稀少且不饱满，甚至提前死亡，还会引起叶斑病的蔓延，使植株倒伏。棉花棉铃发育不良，引起蕾铃大量脱落，铃数减少，

玉米夏季涝灾

棉花夏季涝灾

夏涝导致稻田被冲毁

铃重减轻；成熟的棉铃不能吐絮，甚至烂铃等，大幅度降低棉花质量、产量。果树则表现为叶片变黄，大量脱落，严重时引起果实脱落，生长发育停滞，甚至造成枯死。

防御及补救 ①科学搭配作物种植品种，使作物产量形成期避过洪涝盛期；做好防汛准备，检查堤围、水坝，备足防汛器材。旱地作物要实行深沟、高田畦耕作，以便迅速排除畦面积水，降低地下水位，利于雨水及时排走。②加强农作物的水肥管理，提高作物抗涝能力。旱地怕涝作物连片种植，避免水田、旱田用水矛盾。结合深耕增施有机肥，改良土壤的结构和通气性，搞好水稻露田轻搁通气和采取排毒蹲苗、旱作物中耕培土壅根破板结、喷施生长调节剂化学调控、及时追肥等健壮植株的综合栽培措施。③农田出现内涝积水时应设法疏通沟渠、尽量排水，使作物叶片露出水面。暴雨水涝后要及时扶正植株，让其尽快恢复生长。如大部分植株已经死亡，应及时补种其他作物。一般稻株淹水没顶7~10天，会导致根系腐烂，分蘖节膨压消失，心叶及其内包含的幼叶死亡；玉米、棉花等旱作物淹水没顶3~5天即可死亡，需改补种。夏涝期间往往出现高温潮湿闷热天气，容易滋生农作物病虫害，应及时抓紧晴好天气施药喷杀。④遇到暴雨来袭，人员应尽快撤离危险地带，及时避险。

夏　旱

夏旱	别名	伏旱			
易发区域	北方大部分、长江中下游等地区				
易影响作物	水稻、玉米、棉花等				
易发月份	5	6	7	8	9

灾害形成 我国夏旱的多发区主要分布在东北西部、华北大部、西北东部及黄淮北部；长江中下游地区、黄淮南部、东北中部和北部及四川东部等地发生频率也较高。

夏旱指发生在6—8月份的干旱，夏季气温高，农作物生长发育需水量大，如降水量少或不及时，就会形成夏旱。

夏旱发生时正是中稻开花灌浆期、双季晚稻移栽和幼苗生长期，会影响早稻正常灌浆及晚稻的移栽成活。

玉米旱灾

稻田受旱植株萎蔫，基本绝收

玉米卡脖旱　玉米拔节以后植株开始进入旺盛生长阶段，对水分要求迫切，抽雄前10~20天，是水分临界期。穗分化及开花期对水分反应敏感，此时正是南方的伏旱和伏秋连旱易发生期，干旱持续半个月会造成玉米的“卡脖旱”，使幼穗发育不良，果穗小，籽粒少。干旱更严重时，如7月下旬至8月中旬连续2旬的旬雨量不能满足玉米需求，会造成雄穗与雌穗抽出的间隔太长，导致授粉不良，果穗籽粒减少；严重干旱时甚至雄穗和雌穗无法抽出，雌穗部分不育甚至空秆。

灾害影响与评估 夏旱主要影响春播和夏播作物。作物受旱后，生长速率下降，植株变矮小，严重时叶片萎蔫，落花落果，轻则造成减产，重则致死，通常以孕穗和开花盛期受旱对产量的影响最大。

高温干旱影响水稻结实灌浆

土壤水分小于田间持水量的60%，水稻生育期将受明显影响；降到40%以下，水稻产量将剧减。水稻幼穗形成期对干旱开始敏感，受旱幼穗发育不良，粒数减少；孕穗期对干旱最敏感，水分供应不足，影响受精，导致粒数和产量明显降低；抽穗开花期高温和缺水将导致水稻不实和白穗增多；灌浆乳熟期缺水影响光合作用，使秕粒增加，粒重降低。棉花花铃期需水量占全生育期的45%~65%，正值夏旱易发时期，此时遇旱直接导致蕾铃大量脱落，进而减产减收。夏旱易导致枝干基部的叶片枯黄脱落，果实瘦小无光泽。在牧区，夏旱会导致牧草稀少，生长矮小、枯黄，牧草产量显著下降。干旱严重时，家畜饮水困难，体内水分减少，表现出食欲锐减，甚至导致家畜死亡。

防御及补救 ①发展旱作农业，调整作物布局。北方地区，可扩大耐旱作物及耐旱品种的种植面积。②搞好农田基本建设，提高保水蓄墒能力。平坦的稻田减少每次供水量，使全田稻株吸肥吸水均匀，促进水稻群体平衡生长，增强植株抗逆性。北方稻区施用有机肥料改良土壤，减少稻田渗漏量，提高保水能力，避免或减轻水稻旱害。③合理安排播期，躲避伏旱高温。④采用秸草、地膜覆盖等措施，及时中耕除草。⑤大田实行节水灌溉，确保孕穗等关键期水分供应。⑥合理施用生长调节剂。

高温热害

高温热害	别名				
易发区域	以华南、西南、长江中下游地区为主				
易影响作物	水稻、玉米等秋熟作物				
易发月份	5	6	7	8	9

高温来了应该如何防御

灾害形成 气象部门一般把日最高气温≥ 35℃的天气现象称为高温，日最高气温≥ 37℃时称酷暑，高温对农业生产的影响称高温热害。高温热害常指高温超过作物生长发育上限温度，对开花至成熟期的作物产生的热害，多发生在我国南方作物夏季生长期，尤其是进入盛夏酷热较早的年份。由于不同作物对高温的耐受力不同，通常把高温热害标准定为连续 3 天及以上日平均气温≥ 30℃、日最高气温≥ 35℃。

2006 年长江上游的川渝地区高温伏旱，导致水稻减产 500 万 t 以上，2007 年夏季江南、华南的高温干旱也对水稻生产造成严重影响。

灾害影响与评估 水稻在孕穗至抽穗扬花期，即抽穗前后各 10 天对高温最敏感（盛花期最敏感期），日最高气温≥ 35℃为抽穗开花期的热害指标，在恒温 38℃下全部不结实。水稻在抽穗开花期间遭受高温危害，主要影响花粉形成和发育，破坏受精过程，导致空壳率增多，结实率大幅下降。水稻在灌浆到成熟期间遭受

水稻抽穗期高温热害致结实不良

玉米穗期遭遇高温

高温危害，主要造成谷粒灌浆恶化，秕粒增多，籽粒不饱满，千粒重和结实率下降，灌浆期缩短，形成高温逼熟。在同样高温条件下抽穗扬花，杂交稻的空壳率明显高于常规稻。

高温热害会导致玉米光合作用减弱，呼吸消耗增强，干物质积累下降；加速生育进程，缩短生育期，穗分化时间缩短，雌穗小花分化数量减少，果穗变小；高温持续时间长，叶片将大量枯死。

另外在大豆、棉花、蔬菜生产上也有高温热害的问题。气温高于 33 ℃容易导致大豆落花落荚；棉花在高温影响下会引起蕾铃脱落；瓜果类蔬菜遇 32 ℃以上高温会出现落花，坐果率降低；马铃薯在温度 26~29 ℃以上时，块茎即停止膨大。

防御及补救 ①选用耐高温的品种减轻对灌浆结实的伤害，利用早熟品种避开高温季节。②调整播期，适时播栽，使开花灌浆期尽量避开高温时段，减轻影响。长江中下游地区高温一般在 7—8 月，可适当提早播期，避开灌浆期高温危害；中稻应将开花期安排在高温集中时段之后，如长江中下游地区一般安排在 8 月中旬或以后，能较好避开前期高温。春播玉米可在 4 月上旬适当覆膜早播，夏播玉米可推迟至 6 月中旬播种，使开花授粉期避开高温天气。③适期喷灌水，降低田间温度，增强蒸腾作用，有效缓解高温胁迫，也可部分减少高温引起的呼吸消耗，尤其是抽穗扬花期可采用日灌夜排或喷灌措施，改善田间小气候，促进根系健壮，增强抗性防早衰。④喷施磷钾肥，增强个体和群体对不良环境的适应能力，提高植株耐热性，有效减轻高温伤害。⑤注意果园保墒、果园灌溉、树干涂白和洒药剂等；防御林木灼伤要注意阴性树种及阳性树种混交搭配种植，营造复层林，在造林时选择有利地形和土壤等；防御畜禽热害要注意遮阴、通风和及时补给饮水。⑥高温天气时，要尽量避免外出，外出注意防暑。

夏季低温冷害

别名					
易发区域	全国大部分农区均可发生，以东北地区为主				
易影响作物	水稻、玉米、棉花等秋熟喜温作物				
易发月份	5	6	7	8	9

灾害形成 夏季低温冷害主要发生在东北地区，主要危害喜温作物如玉米、棉花、水稻等。东北地区作物在生长期（5—9 月），尤其在作物营养生长期和生殖生长期出现的持续时间较长的夏季低温，当积温比历年平均值偏低 50 ℃·d 时，便会造成粮食减产，为一般冷害年，发生概率约 4 年一遇；偏低 100 ℃·d，则为严重冷害年，发生概率约为 7 年一遇。东北地区低温冷害具有一定的准周期性和群发性。

夏季低温冷害主要分为以下 3 个类型：①延迟型冷害，是指农作物营养生长期发生的冷害，使生育期延迟，有时也包括生殖生长期间的冷害。其特点是在较长时间低温的影响下，植株生长发育速度缓慢，导致抽穗开花延迟，以致不能在初霜来临前成熟。如玉米、高粱等遭受的主要是延迟型冷害。②障碍型冷害，是指作物生殖生长时期（主要是生殖器官分化到抽穗开花阶段），遭受短期异常低温，使生殖器官生理机能遭到破坏，以致颖花不育，籽粒空瘪。障碍型冷害的发生时间较短，如水稻冷害指标是连续 3 天以上日平均气温 <20 ℃，或 <18 ℃。其特点是持续时间虽不长，但发生在农作物对低温比较敏感的孕穗、抽穗开花时期，危害很大。

2019 年东北水稻延迟型低温冷害导致倒浮苗、返青慢

受害较大的作物主要是水稻。③混合型冷害，是指在农作物生长期，延迟型冷害与障碍型冷害相继出现，两种冷害交混发生的低温冷害。往往前期遇到延迟型冷害，延迟了生育和抽穗，到了孕穗开花期，又遇到障碍型冷害，引起了大量空壳、秕粒，产量大幅度下降。

灾害影响与评估 夏季温度比常年明显偏低，影响作物正常生长并延迟发育，引起全部或部分不育，发生大量秕粒或不结实。①延迟型冷害可使玉米、大豆、谷子、高粱等作物植株生长发育速度迟缓，导致抽穗开花延迟，以致不能在初霜来临前成熟，造成籽粒含水量大，粒重降低而减产。营养生长期内受低温冷害影响，穗原始体分化一般推迟 5~10 天，晚抽穗 7 天左右。②在水稻生殖生长期遭受低温危害，容易造成不育空粒以致明显减产。水稻孕穗期对低温最敏感，容易引起不孕；抽穗开花期受到低温危害，颖壳不张开，花药不开裂，花粉不发育，因而形成不育粒。③低温冷害还可导致病虫害的大发生，如水稻叶鞘腐败病、细菌性褐斑病和稻瘟病、大豆菌核病、玉米米丝黑穗病和瘤黑粉病等，在低温年份比历年都严重。

防御及补救 ①选用适合当地的抗冷新品种，尤其是在低温年份也能正常成熟的耐低温早熟高产优质品种。②～⑤同春季低温冷害补救措施①～④。⑥合理耕作，除草松土。多锄、多中耕，疏松土壤可提高地温。采取拔除田间大草、割净田埂杂草等措施，可促进作物早熟高产。

夏季台风

别名					
易发区域	华南、长江中下游地区				
易影响作物	秋熟作物、果树、设施作物				
易发月份	5	6	7	8	9

台风来临如何避险

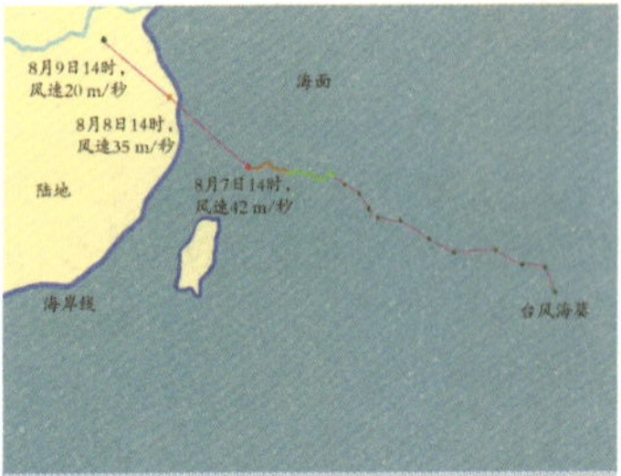

2012 年第 11 号台风未来 48 小时路径概率预报示意图

灾害形成 属于热带气旋的一种，发生在北太平洋和南海海域的强热带气旋。中国把西北太平洋的热带气旋按其底层中心附近最大平均风力（风速）大小划分为 6 个等级，其中风力为 12 级或以上的，统称为“台风”。台风是暖中心的低气压系统，水平分布近圆形，半径数百千米，垂直范围可从地面伸展到对流层上部，它的生命周期包括孕育、发展增强、成熟和消亡 4 个阶段。

每一个台风都有属于自己的名字，自 2000 年起，台风名字根据一个包括 140 个台风名字的命名表按照规定的顺序循环使用，并同时给予一个四位数字的编号，其中前两位为年份，后两位为顺序号。如 2012 年第 11 号台风“海葵”，其编号为 1211，表示的就是在 2012 年发生的第 11 个风暴级以上热带气旋。每年都有数个台风登陆我国沿海地区，台风发生具有以下特征：①季节性，最早发生在 5 月初，最迟发生在 12 月，其中以 7—10 月最集中。②旋转性，其登陆时的风向一般先北后南。③变化性，台风登陆地点、路径及风向时有变化。④常伴有大暴雨等其他气象灾害。台风盛行的季节，正是农作物的生长季，因此，大田作物、蔬菜、果树等都会受到影响。

灾害影响与评估 台风是一种复合灾害，包括风害、洪涝、海浪和风暴潮，还极易诱发房屋倒塌、山洪、泥石流等次生灾害。它具有突发性强、破坏力大的特点，是世界上最严重的自然灾害之一。台风主要通过其伴随的强风、暴雨和诱发的巨浪、风暴潮产生巨大的破坏力，造成财产损失和人员伤亡。台风过境农业损失往往较重：①强风引起作物成片倒伏、茎叶大量损伤和落花落果落粒。农作物倒伏损失因所处生育期不同而异，如水稻抽穗开花期倒伏的可减产四五成，乳熟期倒伏的减产三成，黄熟期倒伏则减产一二成。②暴雨造成严重水涝灾害，对玉米、大豆等旱作物影响尤其大；还会引发泥石流、山崩、滑坡和水土流失等次生灾害，使农业耕地遭到泥沙石的掩盖，导致土壤质量下降。③巨浪和风暴潮引起沿海地区海水倒灌，淹没农田，导致农田盐渍化。④台风气旋加剧了迁飞性、流行性植物疫病和虫害的流行与传播，如稻飞虱、稻纵卷叶螟还会借助台风气流大规模迁入。2014 年第 9 号超强台风“威马逊”3 次强势登陆我国，造成海南、广东、广西的 59 个县（区、市）、742.3 万人、46.85 万 hm^2 农作物受灾，直接经济损失约为 235.5 亿元，并导致南宁发生海变，城市内部被淹，设施损毁严重。

防御及补救 防御措施 ①台风来临前，密切关注台风发生发

2021 年 7 月下旬台风“烟花”过境江苏造成旱作严重倒伏

台风导致葡萄园受淹成涝

展动向，提前做好灾害防护措施，如采取疏通沟渠、开好田间排水沟的措施以确保排灌畅通，对于已经成熟的农作物进行提早抢收，加固设施棚架棚膜。②台风影响频繁地区（如沿海地区）应选用抗风水稻品种，如中矮秆、茎粗坚韧、秆壁较厚、维管组织比较致密、叶面积小的品种。同时注意使其敏感期避开台风季节，适当搭配生育期不同的品种，错开播期和移栽期，以减轻倒伏风险。水稻秧苗期遇台风可提前放深水护秧，但水不可淹没叶尖，台风过后要及时排水。控制无效分蘖，培育壮秧和防治病虫，并适当增施磷钾肥和有机肥以提高抗倒伏能力。③根据地力选择大豆品种，中高肥以上的土地应选用茎秆粗壮，植株稍矮，抗倒耐肥的品种。适当稀植，可增加分枝数量，同时茎秆生长更粗壮、株高变低，有利防倒伏。分枝期有旺长趋势的大豆要深中耕 3.3~5.0 cm，深锄伤一部分表层细根，促进根系下扎。④选择棉花矮壮株型品种，选择垄作或畦作而非平作。适当早播深栽，覆盖地膜，促苗早发，使开花结铃期提前，在台风季节前进入花铃盛期，形成一定数量蕾铃，遇台风可减轻损失。合理运用肥水，苗期及时喷施矮壮素，防止窜高徒长，控制株型，促使中下部早桃多座。现蕾后和初花期分两次高培土，逐渐加高到 13~16 cm，并结合清沟，深埋杂草和追施肥料。

补救措施 ①清沟排除田间积水，查苗洗苗扶苗。②修复受损设施。③加强病虫害防治。④根据倒伏情况分类管理。倒伏较轻的玉米（茎与地面夹角大于 45°），让其自然直立起来；倒伏较重的玉米，特别是呈匍匐状的玉米需及时扶正，在根部培土 7~8 cm 并踏实。孕穗期前倒伏的玉米，不宜动扶，否则容易伤根，影响产量。抽穗后倒伏的玉米，不剪叶、不去头，扶起扎把，以 3~4 棵为宜，倒伏当天扎把最好。⑤若棉花结铃盛期遭遇台风，则灾后根外喷施磷、氮肥以保花。⑥若受灾严重致绝收地块，应尽快将折断植株从田间清除，同时因地制宜补种生育期较短的其他作物。

倒春寒气象指标

倒春寒气象等级	轻度倒春寒	中度倒春寒	重度倒春寒
倒春寒气象指标 K	$K \leqslant 3$	$3 < K < 5$	$K \geqslant 5$
指标计算方法	倒春寒气象指标 K 由前期偏暖程度 δT_1、后期偏冷程度 δT_2、持续天数 L 三个因子组成，计算公式为：$K = \delta T_1 / 4 - \delta T_2 / 2\ L/10$。 （1）当春季某时段气温较常年偏低时，此前连续 10 日平均气温距平为 δT_1。δT_1 的值必须大于或等于 0，表示前期气温为偏暖。 （2）春季平均气温较常年同期偏低的程度，用 δT_2 表示。3—5 月平均气温较常年同期偏冷期间偏冷程度最大的连续 10 日平均气温距平为 δT_2，作为后期气温偏冷程度的指标。δT_2 的值必须小于 0，表示后期气温为偏冷。 （3）倒春寒天气持续的天数，用倒春寒起始日期到终止日期之间的天数 L 表示。L 值必须大于 3，表示倒春寒天气持续天数超过 3 天。		

注：本表根据国家标准《倒春寒气象指标（GB/T 34816—2017）》整理。

冰雹等级表

冰雹等级	冰雹直径	累计降雹时间	地面积雹厚度
轻雹	≤ 0.5 cm	≤ 10 分钟	≤ 2 cm
中雹	0.5~2.0 cm	10~30 分钟	2~5 cm
重雹	> 2.0 cm	> 30 分钟	> 5 cm

风灾风力等级指标

风灾等级	风力类型	设施类型		
		塑料中棚、单体钢架大棚	连栋钢架大棚	玻璃温室
轻度	平均风力等级	3~4	6~7	7~8
	阵风风力等级	5~6	8~9	9~10
中度	平均风力等级	4~5	7~8	8~9
	阵风风力等级	6~7	9~10	10~11
重度	平均风力等级	≥ 6	≥ 9	≥ 10
	阵风风力等级	≥ 8	≥ 11	≥ 12

注：平均风力等级是某个时段内 2 分钟平均风速的最大值所对应的风力等级；阵风风力等级是某个时段内 3 秒钟平均风速的最大值所对应的风力等级。

龙卷

龙卷	别名	龙卷风				
易发区域	全国大部分地区					
易影响作物	秋熟作物、设施作物、林果树					
易发月份	3	4	5	6	7	8	9

龙卷来了怎么办

灾害形成 指在强烈的不稳定的天气状况下由空气对流运动造成的强烈的、小范围的空气涡旋，是一种少见的局地性、小尺度、突发性的对流风暴。最强龙卷的最大风速为 110~200 m/ 秒，其地面直径一般在 25~100 m，极少数的情况下可达到 1 km 以上，空中直径可达数千米。一般有 3 种类型：①龙卷，在地面引起灾害性大风。②空中漏斗，未及地或未在地面发生灾害性大风。③水龙卷，伸入水面的。龙卷从发生到消失通常只有几分钟，最多几十分钟。

龙卷

龙卷以春末到秋初最常见，4—8 月发生的龙卷占全年的比例超 9 成，且下午至傍晚和凌晨至早晨出现最多。我国大部分地区都有龙卷的踪迹，主要发生在东部平原地区，其中江苏和广东两省最多，1991—2020 年均值分别为 4.8 个和 4.3 个。

龙卷折断树干

灾害影响与评估 由于龙卷具有高能量密度，它能在局地使机械能高度集中，破坏性极大。短短几分钟就可以造成庄稼、树木瞬间被毁，交通、通信中断，农业设施和居民房屋倒塌，人畜伤亡等重大损失。2016 年 6 月

23日，江苏省阜宁、射阳两县的9个乡镇遭受龙卷风、冰雹等强对流袭击，农业因灾损失严重，特别是园艺、畜禽产业受灾严重，设施大棚严重损坏、畜禽圈舍大片倒塌，因灾经济损失超10亿元。

龙卷致使农作物（玉米）倒伏

龙卷风强度分级表

龙卷风等级	阵风风速（v_{max}）/（m/秒）	对应 EF 等级	致灾程度
弱	$v_{max} \leqslant 38$	EF0 及以下	轻度
中	$38 < v_{max} \leqslant 49$	EF1	中等
强	$49 < v_{max} \leqslant 74$	EF2 和 EF3	严重
超强	$v_{max} > 74$	EF4 和 EF5	毁灭性

防御及补救 防御措施 ①植树造林，保持水土。②出现龙卷预警信号时，注意关闭门窗和房屋内的一切电气设备，以免电击或火灾等安全事故的发生。③龙卷发生时，应立即离开汽车、危险房屋、露天场所以及简易搭建的住所，到牢靠建筑中躲避，地下建筑如地下室、地铁、防空洞等是最安全的避难场所。④在空旷区域遭遇龙卷风，要迅速朝龙卷移动方向的垂直方向跑动，伏于低洼地面、沟渠最佳，远离树木、电线杆等易被吹断、吹倒的物体。

补救措施 ①扶正倒伏植株，受灾严重致绝收地块，及时改种其他作物。②修复倒塌农业设施，对于设施棚内受损的作物：一要抓紧采收尚存的作物，及时上市，减少损失；二要及时清除棚内残枝烂叶裂果，防止腐烂病等病害的发生；三要进行根外追肥，促进恢复生长。③维护遭受龙卷危害（折枝、伤害树冠或被刮倒的树木）。

夏季冰雹

别名	冷子				
易发区域	全国大部分农区				
易影响作物	秋熟作物、设施作物、水果				
易发月份	5	6	7	8	9

遇到雷电怎么办

灾害形成 主要形成机理及分布特征等见春季冰雹。夏季气温高，地面受到烘烤，易产生大量近地面湿热空气。湿热空气快速上升，温度急速下降，有时甚至低到 -30℃。热空气中的水汽碰到冷空气凝结成水滴，并很快冻结形成冰珠。小冰珠在云层中上下翻滚，不断将周围的水滴吸收凝结成冰，变得越来越重，最后就从高空砸下来，形成冰雹。夏季正是夏熟粮食作物产量形成的最后阶段，也是玉米、大豆等作物生长的关键阶段，一旦遭遇冰雹就会造成较大的损失。

灾害影响与评估 夏季冰雹对玉米的影响因生育期而异。在拔节至抽雄前，尤其是大喇叭口期以前，雌雄穗和部分叶片尚未抽出时遭受雹灾，只要未抽出的叶子没有受损伤，且残留根茬，就可通过及时有效的田间管理恢复生长；抽穗后遭受雹灾对产量影响较大，被冰雹砸断穗节的玉米一般不能恢复生长，如果穗节完好且功能叶片损伤程度较小，则可通过及时加强管理减少产量损失。果树在开花坐果期遭遇冰雹，会出现落花落果而导致减产。幼果被冰雹

冰雹导致断头苗

2019 年 7 月 6 日东北地区冰雹后玉米、棉花、果树、大棚蔬菜灾景

砸伤后，即便能够发育成熟，也会明显降低其商品价值。成熟果实遭遇冰雹，易腐烂，不利储存，造成严重损失。此外，冰雹还会破坏农业生产设施，甚至伤害人的身体。2019 年 7 月 6 日全国多个地区（吉林、辽宁、河北、山东、安徽、江苏和浙江）先后遭受冰雹袭击，冰雹个头较大、持续时间较长，玉米、果树、蔬菜及部分农业生产设施和民房被砸，损失严重。

防御及补救 防御措施 ①及时抢收成熟的作物。②多雹灾地区降雹季节，随身携带防雹工具。③设施大棚可铺盖防护物。

补救措施 ①及时整枝、扶正倾斜或歪倒的植株。一般无头有叶的棉株，可在新枝长 7~8 cm 时进行；无头无叶的光秆棉株，在新枝长 5~6 cm 时进行。严重缺苗断垄时，可适当多留枝条，以争取在单位面积获得较多铃数。受灾后，对受灾轻的要及时打老叶，抹赘芽；受灾重的要早打顶心，多保证新芽上早出现的蕾，增加有效桃数。②追施速效氮肥，助作物恢复生长。③及时中耕松土破除因降雹引起的土壤板结。④及时喷药，预防因机械损伤造成病虫害大发生。⑤及时更换受损设施棚膜。⑥对受灾严重造成绝收、绝产的地块，要及时改种适应季节的作物。尽量选择生产周期快、宜存活的作物。棉花田可以改种生育期短的玉米、马铃薯等。

日灼

日灼	别名	日烧病、灼伤			
易发区域	全国大部分农区				
易影响作物	果蔬、林木				
易发月份	5	6	7	8	9

灾害形成 日灼多发生在夏季干旱季节，日光直射裸露的果树枝干和果实，使表面温度达40 ℃以上，引起灼伤。是高温和干旱失水的综合危害，主要危及果实和植株的皮层。在辣椒、番茄、黄瓜等园艺蔬菜和苹果、桃、葡萄等果树上均有发生。隆冬或早春也会出现日灼，果树和林木主干或大的枝条的向阳面温度可急剧升高到0℃以上，使处于休眠状态的细胞解冻，夜晚树体温度又急剧降至0℃以下，解冻的细胞重新结冰，如此反复融冻导致向阳面树皮皮层细胞死亡，从而产生灼伤。

番茄发生日灼

葡萄发生日灼

对果蔬来说，日灼危害多发生在果实的快速膨大期，果实着色期发病相对轻。厚皮品种发病总体低于薄皮品种，果型大品种较果型小品种更易发生日灼。另外，果穗着生部位不同，发生日灼概率和受害程度也不同。如采用篱架式栽培的葡萄，其近地果穗日灼病更严重。日灼的形成与多种环境因素相关。一是温度和光照。突发性的高温与强光，如连阴雨后的天气突然转晴、气温突然升高更容易引起日灼。二是地表状况。日灼发生概率无植被地块高于有植被地块，沙质土壤高于黏质土壤，地表干燥的地块高于含水量充足的地块。三是风速。日灼病大多发生在无风或微风的天气。

灾害影响与评估 日灼会抑制植物的发育和生长，叶片因失水最先受到灼伤，出现萎蔫，叶尖色变白、卷曲或下垂等症状；受害果实上出现淡紫色或淡褐色的干焰斑，严重时表现为果实开裂、枝条表面出现裂斑；林木产生块状或条状灼斑，严重时树皮发生脱落。还会增加病虫害感染风险，导致产量、品质下降。

根据症状不同可将日灼伤分为 3 种类型：坏死型、褐变型和白化型。其中坏死型日灼伤危害最严重，其直接诱因是果面温度过高造成表皮及次表皮细胞坏死；褐变型日灼伤是果面经强烈的太阳光辐射后出现病变斑块，仅有色泽变化而非细胞坏死；白化型日灼伤主要由果面光照条件的突然改变而引起。

防御及补救 防御措施 ①选用抗高温、耐热害的品种。②合理密植。如辣椒等蔬菜可采取一穴双株、南北向栽种的方式；辣椒等蔬菜与玉米等高秆作物进行套种间作，以此来遮光。③合理施肥，提早做好钙、硼、锌等中量、微量元素的补充。④合理修剪培养合理的树形结构，可充分利用茎叶遮阴保果，也可人为覆盖遮阴。⑤保持土壤适宜的含水量，避开中午高温时段，给果园浅浇水或隔行浇水。⑥果园生草栽培降低地面温度，树干涂白反射阳光、果实贴纸或套袋防晒。⑦喷洒合适的安全化学药剂提高抗热性。

补救措施 及时采摘已产生日灼伤害的果蔬。

辣椒不同程度日灼（由左至右逐步加重）

柑橘叶片发生日灼

秋旱

秋旱	别名				
易发区域	全国大部分农区				
易影响作物	水稻、玉米、大豆等秋熟作物，小麦等秋播作物				
易发月份	8	9	10	11	12

灾害形成 秋旱发生在8—10月，前期正值盛夏，副热带高压南撤过快，秋雨偏少会形成秋旱。秋旱主要影响夏播作物和部分晚熟春播作物的灌浆成熟，以及越冬作物的播种与出苗。我国秋季干旱的多发区主要分布在东北西南部、华北、黄淮、长江中下游区和华南等地，此时正是水稻灌浆期，秋旱往往会造成水稻严重减产。秋旱对北方小麦播种和冬前生长不利，对来年春季播种和生长也有影响。农作物受旱后，生长速率下降，植株变矮小，严重时叶片萎蔫，落花落果，轻则造成减产，重则致死，通常以孕穗或开花盛期受旱对产量的影响最大。

灾害影响与评估 ①水稻：开始受旱时叶片白天萎蔫，夜间恢复。继续缺水则出现永久萎蔫，直至逐步枯死。孕穗到抽穗期受旱将发生抽穗不齐，授粉不良，秕谷大增。水稻干旱的土壤水分指标是小于田间持水量的60%，生育期将受明显影响。如降到40%以下，叶片气孔停止吐水，产量将剧减。②玉米：拔节至灌浆受旱程度以土壤相对含水量表示，极旱为田间持水 <40%，重旱为40%~50%，轻旱50%~60%，适宜70%~85%，花期田间持水 <60% 开始受旱，小于40% 时严重受旱，可造成花粉死亡、花丝干枯，不能授粉；籽粒成熟期，此阶段需水量减少，但干旱缺水仍可造成

大豆田秋旱景象

籽粒不饱满，千粒重下降。③大豆：需水量大，蒸腾系数比小麦、谷子、高粱等作物多0.4~1.0倍，是抗旱能力较弱的作物，开花前遇旱使花蕾发育不健全，花荚易脱落；开花期受旱叶片萎蔫，光合作用受抑制，造成大量落花；短期落花落荚可由其他花荚弥补，但长期干旱对产量影响很大；鼓粒初期是需水高峰，干旱造成落荚或瘪荚少粒，中后期干旱使粒重明显下降。

秋旱影响小麦秋播出苗

防御及补救 ①选用抗旱品种。一般陆稻比水稻耐旱，大穗少蘖型品种比小穗多蘖型品种耐旱，受旱后恢复力强。抗旱力强的品种具有根系发达，分布深广，茎基部组织发达，叶面茸毛多，气孔小而密，叶片细胞液浓度高及渗透压高等特征。②实行节水灌溉，特别是保证水稻孕穗期、玉米抽雄前后需水临界期、大豆开花结荚期等关键期的水分供应。③中耕除草，既减少杂草对水分的消耗，又能切断土壤表层毛细管，减少土壤水分蒸发散失，提高土壤抗旱能力。

秋涝		别名			
易发区域	西南、长江中下游、华南等地区				
易影响作物	水稻、玉米等秋熟作物				
易发月份	8	9	10	11	12

遇到城市内涝怎么办

洪水来临如何避险

暴雨来了该如何防御

灾害形成 秋涝多由台风、暴雨或连绵阴雨造成，以西南地区发生概率最高，其次为华南沿海和长江中下游地区，对水稻、棉花、玉米等作物和冬小麦秋播影响较大。

灾害影响与评估 ①对水稻的影响。水稻遭受涝害，最明显的症状是从下至上叶片逐渐变黄，直至枯萎死亡。受淹时间越长，死亡叶片越多。退水后，水稻新生叶片显著变小，功能叶尤甚；长期淹水甚至没顶，导致水稻根系生长和功能受损，吸收能力明显降低；生育过程后移，始穗期延迟，结实率降低，后茬作物播种也会受到影响。②对玉米的影响。玉米生长后期在高温多雨条件下，根系常因缺氧而窒息坏死，造成生长迅速衰退，植株未熟先枯，对产量影响很大。据调查，玉米在抽雄前后积水 1~2 天，对产量影响不太明显；积水 3 天减产 20%；积水 5 天减产 40%。

秋涝导致玉米成熟期发霉

秋涝导致花生、大豆成熟期发霉

防御及补救 防御措施 ①品种选择兼顾耐涝性和丰产性。在相同淹涝胁迫下，耐涝能力强的品种可少减产 20%~30%。②适时提前播种。夏玉米受涝时苗龄越大受害越轻，可适当早播，降低灾害损失。③洪涝灾害发生前通过肥水调控、化学调控等措施促进水稻生长旺盛，增加植株抗逆性。如充足的氮素基肥可促进水稻早发，增加分蘖数和干物质积累；高钾水平有利于壮秆和增加细胞中糖分积累，提高水稻的耐涝性。另外，硅、钙微肥对提高抗涝能力的效果也比较显著。

补救措施 ①视作物生育期、受害程度和生产季节采取相应补救措施。对于没顶受淹时间较长的水稻，特别是孕穗期和抽穗开花期的水稻，叶片全部变黄，但根系尚好，仍能萌发的，应考虑割顶再生。如稻茎已枯死，根已腐烂，则应改种晚季水稻或其他作物。受涝灾的玉米及早排除田间积水，降低土壤湿度，促进恢复生长。②及时中耕、培土，改善土壤通透性，促使植株根部恢复正常生理活动。③增施化肥。受涝后施肥促恢复，以施速效氮肥为主，并辅以磷钾肥，加速植株生长，减轻涝灾损失。④防治病虫害。雨水冲刷和淹没可增加害虫死亡率，通常洪水过后虫害减少但病害加重，特别是白叶枯病和纹枯病容易暴发。应根据当地病虫害发生特点和水稻长势，选择合适的农药和剂量防治。⑤如遇秋季洪涝灾害，农事人员应尽快撤离危险地带，及时避险。

秋季连阴雨

别名	
易发区域	全国大部分农区
易影响作物	水稻、玉米、大豆等秋熟作物，小麦等秋播作物
易发月份	8 9 10 11 12

灾害形成 连阴雨出现时日照少，空气湿度大，降水量过多，且常跟低温相伴，持续时间较长，甚至长达1个月。秋季连阴雨主要出现在长江中下游和西部地区，长江中下游一般发生在9—10月。西部秋雨是由于每年9—10月大气环流由夏半年向冬半年转变，频繁南下的冷空气与停滞在我国西部地区的暖湿空气相遇，使锋面活动加剧，从而产生较长时间的阴雨，使得我国西部地区形成特有的秋季多雨的天气现象。根据秋季连阴雨持续时间、出现次数、降水总量等因素，陕西省将其划分为弱秋淋、中秋淋和强秋淋，其中：秋季出现1~2次短连阴雨过程，过程累计降水量≤ 40 mm，为弱秋淋；秋季有≤ 2次中等程度的连阴雨过程，40 mm ＜降水量合计≤ 80 mm，为中秋淋；秋季出现≥ 3次中等程度的连阴雨过程，或≥ 1次长连阴雨过程、降水量合计≥ 80 mm，则为强秋淋。作物营养生长盛期需要大量水分，这时的连阴雨对农业生产以有利因素为主，除非雨量特大形成洪涝或湿害，成熟收获季节，就会构成对农作物的危害。

2015年江淮地区秋雨连绵引起稻穗发芽

秋季连阴雨导致秋播小麦烂耕烂种

灾害影响与评估 秋季连阴雨主要影响秋熟作物成熟收获、秋播等农事活动，还易造成作物贪青晚熟，引起籽粒发芽、霉烂。

2003年为典型的秋收作物花期连阴雨年，8月中旬至9月上旬黄淮及汉水流域出现了历史同期罕见的低温、阴雨寡照天气。长时间的低温、阴雨寡照使开花期的玉米雌雄花期不遇，授粉受阻，导致玉米空秆、秃尖率增高，果穗短小，缺行、缺粒多，导致产量大幅度下降。中稻和单季晚稻抽穗扬花及灌浆也受到严重影响，结实率明显降低。棉花伏桃、秋桃数量偏少，落铃、烂铃现象十分严重，产量和品质均大幅度下降。

防御及补救 ①及时收获，适时播种。密切关注天气变化，阴雨天不宜收割，应开田放干田水，晴天及时收割晾晒成熟作物，采摘棉花，并及时晾晒，防霉烂。在连阴雨天气结束后进行播种，避免烂耕烂种。②沟渠配套，清沟排渍。要加强农田排水设施建设，如遇秋季连阴雨，应及时清沟理墒，降低地下水位，减轻灾害影响。③中耕松土，通气促根。提高土壤透气性，促进肥料分解，增强土壤养分供应能力，促进根系发育。④喷施调节剂，增强抵抗力。未收割的晚稻在降雨间断叶面无水时，可喷施磷酸二氢钾，增强抗逆力，减少空壳率，提高结实率。连阴雨天气过后棉株普遍生长偏弱，可喷施叶面生长调节剂补充营养，促进植株正常生长。

秋季冰雹

别名	冷子				
易发区域	全国大部分农区，以西北、华北和东北地区为主				
易影响作物	秋熟作物、设施作物、果树				
易发月份	8	9	10	11	12

遇到雷电怎么办

灾害形成 主要形成机理及分布特征等见春季冰雹。冰雹发生的地理特点为：山地多于平原，高原山地多于盆地，中纬度多于高纬度和低纬度，内陆多于沿海，北方多于南方。全国有 3 个多雹区，即青藏高原、北方和南方多雹区。易发生冰雹的地形是：山脉的向阳坡、迎风坡，山麓和平原交界地带，山谷，山间盆地，马蹄形地形地区。冰雹源地多出于山区或山脉附近 10~20 km 的地带。

秋季气压变化大，容易形成不稳定的气团，加之季风活跃，冰雹也较为常见。秋季正是秋熟粮食作物产量形成的关键阶段，也是林果收获期，一旦遭遇冰雹往往损失严重。

灾害影响与评估 农作物在灌浆成熟期遭受冰雹袭击，轻则枝断叶碎，重则打成光秆，造成严重减产；果树在开花坐果时遭受冰雹灾害会发生严重的落花落果导致大幅度减产，即使部分被冰雹

搭建屋脊式防雹网

山东省烟台市苹果园遇雹灾

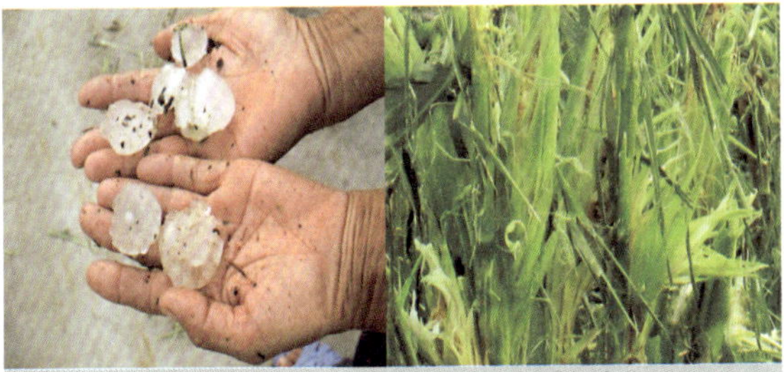

2013 年 9 月 15 日山东省泗水县杨柳镇遇雹灾

打伤的幼果可以发育成熟，但因带有雹伤，果实的商品价值会大幅降低；果实成熟期若遭受雹灾，果实容易被打烂，直接影响销售。2021 年 10 月 1 日，两场冰雹袭击苹果主产区，带来了毁灭性的灾害，一是山东省烟台、威海等地突降鸡蛋般大的冰雹，持续 3 分钟左右，苹果大面积受灾，直接经济损失 3 亿元；二是辽宁省大连地区同样遭受冰雹袭击，苹果不同程度受灾。

防御及补救 防御措施 ①增种抗雹和恢复能力强的农作物。②避开冰雹易发地带建设果园。③提前设置防雹网。④果实套袋。⑤重视夏季修剪，适当多保留枝叶，维持一定枝叶密度。⑥及时收获。⑦防范措施相对薄弱的果园应尽早参加农业保险。

补救措施 ①及时扶正倾斜或歪倒的植株，对损伤的枝叶进行修剪；更换受损棚膜。②及时排除冰雹融水。③中耕松土破除因降雹引起的土壤板结，改善土壤通气状况，提高地温。④受灾严重的玉米地块，可在授粉后 20~25 天提前收获鲜食玉米；玉米青秆可作青贮饲料。⑤对受灾严重，造成绝收、绝产的地块要及时改种适应季节的作物，如玉米茎秆折坏严重或多数叶片被冰雹打掉的田块，应立即改种绿草、白菜等；受灾严重的果园里套种低矮的经济作物，如速生叶菜类蔬菜等。⑥剪枝、清园、清除烂果。

秋季台风

秋季台风	别名				
易发区域	华南、长江中下游地区				
易影响作物	秋熟作物、设施作物、林果				
易发月份	8	9	10	11	12

台风来临如何避险

灾害形成 秋季台风从数量上与夏季台风基本持平，平均而言每年登陆我国的秋季台风明显少于夏季台风，个别年份秋季台风多于夏季台风。

秋季台风具有三大特点：①路径移动总体偏南，其登陆地点主要集中在浙江以南地区。这是因为进入秋季以后，影响热带气旋路径的副热带高压开始东退南移，位置逐渐偏南。②势力强大。秋季台风发生期间往往会碰上南下的冷空气，易产生强烈的对流运动，从而产生大风、强降水等天气，使得秋季台风的影响范围更大。另外，绝大多数秋季台风都在西北太平洋洋面上生成，那里海温高，距离陆地远，有足够的发展空间和时间，生命史普遍较长，有利于台风强度的发展。③造成的损失重。秋季正是秋熟粮食作物产量形成的关键阶段，也是林果收获期，遭遇秋季台风仍会给农业带来严重损失。

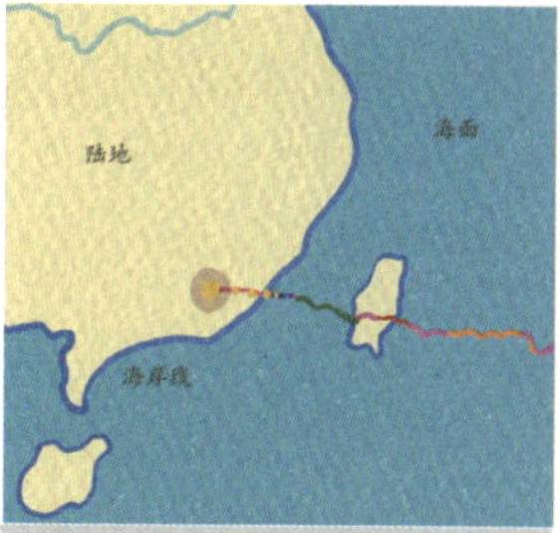

2023 年秋季台风“海葵”路径示意图

广东香蕉树拦腰折断

秋季台风致使大豆倒伏

秋季台风导致水稻倒伏难收

秋季台风致使玉米倒伏

温州仓南柚子被强风刮落

灾害影响与评估 秋季台风登陆时间正是我国南方晚稻抽穗扬花至成熟期。狂风引起作物成片倒伏，叶片受损，谷粒脱落霉烂，果实掉落，造成严重的减产或者绝收。农业生产设施也会因风受损；伴随的强降水导致田间积水成涝、肥料流失，水产养殖围栏设施、池埂损坏甚至坍塌。2005 年的强台风“达维”在 9 月 26 日凌晨登陆海南万宁沿海，使海南省的农业受到了重创。

防御及补救 防御措施 ①疏通沟渠、开好田间排水沟以确保排灌畅通。②加固设施棚架棚膜。③对挂果期的柑橘等果树，进行加固。④加固畜禽栏舍、仓库，转移低洼处的畜禽和饲料。⑤及时收获。

补救措施 ①及时清沟，排除田间积水，及时查苗洗苗扶苗，适当施肥促灾后恢复生长。②修复受损设施棚架棚膜。③转晴后进行重点病害防治。④受灾严重致绝收地块，及时翻耕晾晒土壤，补种改种其他作物。

寒露风

寒露风	别名	秋季低温冷害			
易发区域	长江中下游、西南地区及华南稻区等				
易影响作物	水稻、玉米等秋熟作物				
易发月份	8	9	10	11	12

秋冬大雾当道该如何防范

灾害形成 秋季低温冷害是南方晚稻生育期的主要气象灾害之一。各地实际发生时间一般由高纬度向低纬度、高海拔向低海拔、内陆向沿海推迟。长江中下游地区一般发生在 9 月份，华南地区发生在秋季“寒露”节气前后，此时是晚稻抽穗扬花的关键时期，如遇低温危害，就会影响晚稻孕穗和开花授粉，造成空壳、瘪粒，导致减产。

南方寒露风导致颖花败育

寒露风是指日平均气温≤ 20 ℃，并持续 2 天或 2 天以上的时段。寒露风对晚稻的危害大致可分为两种类型。①湿冷型：北方南下的冷空气和逐渐减

秋季低温冷害影响水稻、玉米结实灌浆

弱南退的暖湿气流相遇，通常出现低温阴雨天气，其特征是低温、阴雨、寡照。②干冷型。较强冷空气南下，吹偏北风，风力3~5级，空气干燥，天气晴朗，有明显的降温，其特征是低温、干燥、大风、昼夜温差大。凡达到寒露风天气过程标准，持续2~3天，为轻级寒露风；持续4~5天为中级寒露风；持续6~8天为重级寒露风；持续9天以上为特重级寒露风。有研究认为，影响杂交稻的寒露风标准为日平均气温≤22℃且连续3天以上，其中3~4天为轻级寒露风；5~6天为中级寒露风；7天以上为重级寒露风。

灾害影响与评估 秋季低温冷害主要影响南方稻区，使水稻生育期推迟，影响扬花、授粉及受精过程，降低结实率。水稻在生殖生长期遭受短时间异常和相对强的低温，花器的生理机制受到破坏，会造成颖花不育，出现大量的空壳而严重减产。根据遭受低温危害时期的不同，又分为孕穗期冷害和抽穗开花期冷害。孕穗期如持续5~6天最低气温低于17℃就会造成大量空壳；抽穗开花期如日平均气温低于20℃或最低气温低于15℃，就会使水稻不育造成减产。另外，晚稻在灌浆前期如遇明显低温，也会延缓或停止灌浆过程，造成瘪粒，甚至出现籽粒未满禾苗先枯死的现象。寒露风还可使玉米、大豆、谷子、高粱等作物植株生长发育速度迟缓，导致抽穗开花延迟，以致不能在初霜来临前成熟，造成籽粒含水量大，粒重降低而减产。

防御及补救 ①引进和培育抗寒性强的早熟优质品种。掌握寒露风出现规律和双季晚稻安全齐穗期，合理搭配品种。②适期早播、早栽。控制植株在安全齐穗期之前抽穗，提高低温地区的生产水平，甚至可使南方的低洼冷浸田由一年一熟向一年两熟发展，高山田由低产短组合品种向高产长组合品种转变。③合理施肥，控氮增磷，增强根系活力和叶片同化能力，促进植株健壮生长，提高抗寒能力，还可促进早熟。④冷空气来临前，一般可夜灌日排，入田增温，通过灌深水或喷水，可使白天田间水温和地温升高。

秋霜冻

秋霜冻	别名	早霜冻			
易发区域	华北、东北、西北等地区				
易影响作物	秋熟作物、蔬菜等				
易发月份	8	9	10	11	12

秋冬大雾当道该如何防范

2016 年 8 月 29 日黑龙江省呼玛县气温骤降至 -4.8 ℃导致 72 万亩大豆减产 30%~40%

灾害形成 霜冻一般出现在温度较低的时节，秋霜冻是指由温暖季节向寒冷季节过渡时期发生的霜冻，随着季节的推移，温度降低，发生秋霜冻的概率变大，强度也变强。

当温度降到 0 ℃以下时，作物细胞间水分开始结冰，体积膨胀，细胞收缩，细胞内部的水分被迫向外渗透，细胞失水，内部的胶状物逐渐凝固。特别是严寒霜冻以后，气温突然回升，作物渗出来的水分很快变成水汽散失掉，细胞失水，作物便会死去，从而导致减产，品质下降或绝收。当空气湿润，发生霜冻时可在地面物体上看到白色冰晶，称为“白霜”。但当空气干燥，发生霜冻时水汽不足，地面或作物表面温度降到

2021 年 11 月上旬东北地区的冻雨雪灾

0 ℃以下，虽未出现白霜，仍可形成伤害，称之为“黑霜”，由于形成白霜时，水汽凝结成冰晶释放的热量可以延缓或弥补气温继续下降，降温幅度小，所以“黑霜”的危害通常大于“白霜”。

灾害影响与评估 秋霜冻对我国粮食作物、经济作物和果树、蔬菜的危害很大。主要影响玉米蜡熟期和棉花棉桃充实期生长。瓜果豆类多为喜温蔬菜，不耐结冰，遭遇霜冻后叶片、果实干枯，严重减产；烟草生育后期、甘蔗都常发生霜冻害。秋霜冻可使大豆鼓粒终止，成熟期当最低气温低于 3 ℃，地面最低温度 0 ℃以下，大豆可遭受危害，对产量的影响较大。夏秋冷害发育延迟，而初霜冻又来得早的年份损失极大。1976 年，东北大部分地区 6—8 月温度显著偏低，作物生育延迟，9 月 7—9 日出现特别早的秋季霜冻，玉米、高粱冻死，减产数十亿千克，且品质也大幅降低。

防御及补救 防御措施 ①选择适宜的播种期和移栽期。使作物在初霜冻前正常成熟，也可选用适宜品种在当地无霜期种植，避免选用晚熟品种。②及时灌溉防御霜冻，提高作物叶片保温效果。③控制氮肥施用量，避免大田作物贪青晚熟。④遇到作物发育比常年延迟而有可能遭遇霜冻的情况，可在生育后期深锄切断部分侧根，加快籽粒脱水，或打掉部分老叶，增强通风透光，促进早熟。

补救措施 ①受害后有恢复再生能力的作物，可及时喷施生长素，促进生长，以获得较好的产量。②增施氮肥和复合肥，改善通风透光条件利于光合作用，在生育后期叶面喷施尿素、磷酸二氢钾以延长叶片功能期，防止早衰。

冬旱

冬旱	别名	冬季干旱			
易发区域	全国大部分农区				
易影响作物	小麦、油菜、马铃薯等越冬作物				
易发月份	11	12	1	2	3

灾害形成 冬旱在我国各农区大部分均可发生，主要集中在华南、西南地区和长江流域，因为这里冬季温暖，有作物生长，需要充足的水分。但冬季降水变率大，少雨年份就会发生冬旱。北方农、牧区为冬旱次常发区。北方冬季降水稀少，虽处于农闲或越冬作物休眠期，但持续少雨雪易使冬小麦植株失水并加重冻害。

2010—2011 年小麦遭秋冬春连旱症状

黄淮冬麦区小麦越冬期干旱灾害田间调查分级评价指标

干旱灾害等级	土壤水分状况和植株形态特征
无旱	0~20 cm 耕层土壤相对含水量 65%以上，植株生长正常
轻旱	0~20 cm 耕层土壤相对含水量 55%~65%，植株下部叶片部分枯黄
中旱	0~20 cm 耕层土壤相对含水量 45%~55%，植株下部叶片枯萎
重旱	0~20 cm 耕层土壤相对含水量 35%~45%，植株中下部叶片枯萎
特旱	0~20 cm 耕层土壤相对含水量 35% 以下，植株大部叶片枯萎

灾害影响与评估 冬旱是我国农业的普遍现象，对于北方农区来说，农作物处于休眠状态，对越冬农作物影响较小。但在华南地区，由于农作物仍在生长，冬旱对其生长发育影响较大。在北方牧区，因降雪很少，无积雪，造成家畜饮水困难而形成黑灾，致使家畜受害。

适时浇灌越冬水

2010 年 9 月 10 日至 2011 年 2 月 24 日，江苏省淮北地区 160 多天累计降水量不足 20 mm，比常年少九成，基本无有效降水，高亢山区、无灌溉条件的旱茬麦田，缺苗断垄、植株枯黄、死苗。

防御及补救 ①选用耐旱品种，培育壮苗。②深耕深松土壤。深度一般要达到 23~30 cm，增加活土层深度，提高蓄水保水能力。③中耕锄草，减少水分消耗。它既能消灭杂草危害，又切断土壤毛细管，使下层土壤的水分不能输送到土表，减少土壤水分蒸发，起到保墒作用。④覆盖可以减少蒸发，提高土壤含水量。覆盖农田的材料，目前采用比较多的是秸秆和地膜等。⑤进一步加强抗旱服务组织建设，完善农业社会化抗旱服务体系。⑥日平均气温 3 ℃以上及早灌水抗旱。对越冬小麦油菜在天气回暖至日平均气温 3 ℃以上时及早进行灌水抗旱。注意掌握冷尾暖头、夜冻日消时，采用喷灌或沟灌窨水方式，速灌速排、昼灌夜排，切忌久旱之后进行漫灌，防止造成表土层板结而严重影响作物生长。

冬季大风

别名					
易发区域	全国大部分农区				
易影响作物	设施作物				
易发月份	11	12	1	2	3

灾害形成 指近地面层风力达8级及以上的风。对作物来说，风力在6级以上即可产生危害，其大小取决于风力强度和持续时间。

冬季大风

我国冬季南北温差大，导致气压差大，因而水平气压梯度力大，而气压梯度力又是风的主要成因，所以常有大风发生。冬季大风主要由天气系统和寒潮活动造成，其风向多为偏北风，且一般伴随降温过程出现。

灾害影响与评估 冬季大部分地区在田作物处在越冬期或缓慢生长的苗期，大风灾害对农作物的危害主要以机械性损伤为主，且总体影响较小。大风会损坏设施物理结构，如将设施棚顶草帘或毛毡刮起或掀翻，撕坏设施棚膜，若风力过大，可使设施棚架变形甚至倒塌。风灾对设施的损害判定见下页风灾等级指标和41页风灾风力等级指标。另外，大风形成的高速气流会加快热量传输，不利设施蓄热，影响棚内作物生长。冬季降水一般较少，干旱时有发生，大风会加剧干旱的危害程度，使得植株、土壤的蒸腾蒸发加大，导致作物水分代谢失调，因失水而凋萎。牧区的大风可吹散畜群并影响牲畜正常采食，加重冻害。连续多日的大风可使畜群的整体体质下降，抵抗疫病的能力降低。冬季大风使得幼弱牲畜体热耗散大增，互相拥挤成堆，有时会因挤压造成死亡。

浙江省风灾等级指标（DB33/T 2335—2021）

风灾等级	受损内容	设施类型		
		塑料中棚、单体钢架大棚	连栋钢架大棚	玻璃温室
轻度	主体结构	5% ≤ MDR < 30%	MDR < 5%	MDR < 5%
	覆盖材料	30% ≤ CDR < 50%	30% ≤ CDR < 50%	5% ≤ CDR < 30%
中度	主体结构	30% ≤ MDR < 50%	5% ≤ MDR < 30%	5% ≤ MDR < 30%
	覆盖材料	CDR ≥ 50%	CDR ≥ 50%	CDR ≥ 30%
重度	主体结构	MDR ≥ 50%	MDR ≥ 30%	MDR ≥ 30%
注：MDR 为主体结构受损比例，CDR 为覆盖材料受损比例。				

防御及补救 防御措施 ①提前检修设施大棚骨架并进行加固，同时紧固压膜线。玻璃温室及时更换破损玻璃。②关闭通风口，以防瞬时风速过大损坏棚体、棚膜。③预计风力超出大棚承受范围时，适时揭膜或果断破膜保棚。④可能危及人身安全时，及时撤离人员。

补救措施 ①风后及时巡查修缮受损设施，对压弯的钢架大棚等增加立柱支撑，修补破损棚膜，防止后期大风后降温对棚内秧苗、蔬菜、瓜果带来的不利影响。②冬季大风一般伴随降温天气，采取临时搭建棚中棚或覆盖毛毡、草帘等措施进行保温。③参加保险并达到保险理赔标准的，待报险定损后及时修复。

冬季大风导致设施棚膜损坏

大风出现前及时加固设施大棚

南方热作寒害

南方热作寒害	别名				
易发区域	南岭以南地区				
易影响作物	龙眼，香蕉，荔枝，橡胶等				
易发月份	11	12	1	2	3

灾害形成 指热带、亚热带植物在冬季生育期间温度不低于 0℃，因气温降低引起作物体内的饱和脂肪酸凝固和一系列生理机能障碍，导致减产甚至死亡的一种零上低温灾害。广义的寒害把霜冻现象也包括在内。热带农业植物寒害集中分布在南岭以南地区，主要是广东、广西、福建南部和云南的种植橡胶的地区。大量观测和试验表明，当最低气温 > 5.0 ℃时，荔枝、香（大）蕉全株无寒害；当最低气温 ≤ 5.0 ℃时，荔枝、香（大）蕉叶尖、叶边、树冠干枯。因此，取香蕉、荔枝寒害的临界温度为 5.0 ℃。热带农业植物寒害发生在 11 月至翌年 3 月。据历史资料记载，1950—1972 年广州地区当年 11 月至次年 3 月，日平均气温的负距平值在 8.0~9.9 ℃出现 24 次，平均每年发生 1.1 次；负距平值在 10 ℃以上的出现 5 次，平均 4.4 年发生 1 次。

2016 年 1 月 23—24 日，广西龙眼、荔枝、香蕉主产区持续低温，较大范围出现 0~2 ℃气温条件下的小雨至中雨天气，导致龙眼、荔枝花穗等幼嫩组织受冻，香蕉挂果株、地上裸露的吸芽、组培苗大面积死亡。

香蕉

荔枝

龙眼

香蕉

灾害影响与评估 寒害主要发生在热带、亚热带地区的少数年份，主要危害热带亚热带作物如橡胶、龙眼、香蕉、荔枝等。从危害作物生育时期看，寒害发生在生长缓慢或停止生长期。从作物受害机理看，寒害能造成植物生理的机能障碍，严重的可导致植株死亡。从受害的时间过程看，寒害受害过程时间较长，一般需有 2 天以上的低温天气过程，如橡胶树辐射型寒害在 2 天以上日平均气温 <10 ℃的低温条件受害。平流型寒害在 5~10 天的低温条件受害。

防御及补救 香蕉寒害防御 ①选择地势较高、坐北朝南、南面开阔、冷空气难进易出的地段。②通过留芽，控制香蕉在营养生长阶段越冬。③冬季易发生霜冻的地区，选择大苗或大吸芽苗春种，争取霜冻来临之前采收。④秋后增施有机肥兼施适量磷钾肥。⑤在低温到来前对 1 m 高以下的吸芽用干蕉叶、甘蔗叶或稻草包裹防寒。⑥ 10 月后才抽蕾的植株，在寒流到来前还不能及时收获的蕉果，先把果轴上的护叶割除，再将稻草束的一端缚在果轴上，展开稻草，把果轴、果穗全部包裹，再把稻草束的下端扎好，并在稻草束外面用双层珍珠棉薄膜袋套果穗，并束紧开口，温度高时可打开袋口。

荔枝、龙眼寒害防御 ①建园时因地制宜适地适栽。②利用抗寒力强的砧木进行高接建园，可以减轻果树的冻害。③采用人为方法使树体由直立生长变为匍匐生长，使果树安全越冬。匍匐埋土防寒能够提高土堆内温度且减少温差，保持水分，有利于树体保护，免除或减少冻害。④矮化密植栽培可以增强群体作用，减轻冻害。⑤结合冬季清园深翻，对树盘 100 cm 直径内铺用塘泥、草皮等进行培地，高度达到树干嫁接口以上 10 cm 处，可有效地保护嫁接口。

北方抽条

别名	冻旱、抽干或灼条				
易发区域	北方地区				
易影响作物	果树				
易发月份	11	12	1	2	3

灾害形成 抽条是北方干寒果树栽培区在冬春季节经常遇到的生产问题，主要是由于冬春季节果园土壤温度低、湿度小、空气干燥，导致植株地上部因蒸腾作用丧失的水分大于植株根系吸收的水分，进而出现植株水分失衡、树体失水、干枯死亡的现象。抽条表现为果树枝干表皮失水皱缩，木质部白色干枯。干枯自上而下，发生时间集中在气温回升、乍暖还寒之时，多在 2 月中下旬至 3 月中下旬。

果树抽条

灾害影响与评估 抽条现象多发生在 1~5 年生幼树上，其中以 1~2 年生幼树发生最为严重。轻者每年抽至地表，翌年重新发枝，致使树冠残缺，影响早果和早产；重者可造成树死园毁。

果树抽条实际上是一种生理干旱现象，主要有几方面因素：一是气候环境因素。果树冬春抽条发生严重的区域往往具有冬春冻土深、解冻迟而温度低，早春气候干燥、多风、水分蒸发强烈等气候特点。造成土壤水分冻结或者土温过低，根系尚未活动，无法吸收水分；而这时植株地上部又因为干燥、多风气候条件的存在，大量水分因为强烈的蒸腾作用丧失，植株枝条生理干旱现象越来越明显，导致枝条自上而下抽干。二是栽培管理因素。越冬时树体可溶性糖、水溶性氮含量高有利于枝条保水，进而可以提高树体的抗抽条能力。在树体管理后期若没有及时控制氮肥用量，灌水也频繁，或者下雨多，果园排水不畅等，造成树体贪青徒长，枝条发育不充实，越冬时期抵御寒气的能力就不强。三是越冬保护不力因素。北方地区在越冬时期往往会采用埋土、覆草、涂白等措施来保证果树幼树完美越冬。若这些措施采取不力，如培土去除不及时，延缓春季地温的上升，加重了树体地下部和地上部水分供需矛盾，进而加重植株抽条现象的发生。

防御及补救 防御措施 ①选择在背风向阳，有效避开风口的地方建园。可在果园迎风面定植高大密植树种以作防护林，减少因风所引起的果树失水现象。②不同果树品种抗抽条能力存在很大不同，以苹果为例，寒富、丹光、丹苹、国光等品种具有较强的抗抽条能力，干寒地区可选择这些品种定植。③改春季施肥为秋季施肥，增强树体越冬营养物质的积累贮藏，达到“前促后控”的目的。果树生长季前期应保证植株生长水分需求，及时补充水分；秋梢停长期就需要适当控制灌水量，促进新梢早点停止生长，以加速枝条充实健壮。④加强越冬树体保护，防止枝条水分流失。幼龄树可采取主干（枝）缠薄膜条或者整株压倒埋土的方法来保护枝条水分流失；成龄果树可以喷施枝条防护剂。加强植株病虫害防治，尤其是秋季大青叶蝉等直接危害枝条的病虫害，保证枝条正常生长，提升抗抽条能力。

果树冻旱或抽条

暴雪	别名	冬季雪灾			
易发区域	全国大部分农区、牧区，北方常发				
易影响作物					
易发月份	11	12	1	2	3

秋冬大雾当道该如何防范

灾害形成 是指自然天气现象的一种降雪过程，它给人们的生活、出行带来了不便。暴雪预警信号分为4种：蓝色、黄色、橙色和红色。气象上对于雪量有严格的规范，是指一定时间内所降的雪量，有24小时和12小时的不同标准。24小时的降雪量（融化成水）≥ 10 mm为暴雪。暴雪的出现往往伴随大风、降温等天气，给交通和冬季农业生产带来影响。雪灾对农作物、果树和林木、家畜的危害机理是不同的。暴雪一般在北方冬季发生，通常伴随强寒流和大风，可吹散畜群，阻断交通，是畜牧业生产的重大灾害。

2008年1月10日至2月2日，我国南方大部分地区发生了低温雨雪冰冻灾害，对农业生产及人们生活造成了极大损失。灾害天气发生正值我国南方地区冬季农业生产盛期，北方地区设施农业生产关键期，长时间积冰、积雪、冰冻，导致农作物发生冻害、寒害、机械性损伤；积雪过厚引起部分大棚倒塌，使设施农业遭受毁灭性打击；受电力、交通、通信系统中断等的影响，部分水果、蔬菜主产区已采收的大量果品、蔬菜未能及时运出销售，被冻烂或腐

农作物遭受雪灾

烂。经核定，此次灾害造成21个省（区、市、兵团）受灾，紧急转移安置灾民166万人；农作物受灾面积1 187.42万 hm^2，绝收面积169.06万 hm^2；倒塌房屋48.5万间，损坏房屋168.6万间；因灾直接经济损失1 516.5亿元。

灾害影响与评估 作物受害后呈现出植株黄瘦，死苗增加。越冬农作物由于长时期处于雪层之下，与空气隔绝，亦见不到阳光，光合作用和呼吸作用均受到抑制，各种生理过程发生紊乱；加之土壤中缺氧，引起根系窒息死亡。待雪融化后，方显出作物叶片发黄、瘦弱，甚至造成大面积死苗。

果树、林木受害后的表象主要是折枝断干，积雪产生的机械损伤。当树冠积雪达一定厚度（重量）时，就会压断树枝，压裂树冠，压弯树干，严重时会压断树干或压倒整树，影响果树、林木以后的生长，使产量明显下降。同时，受伤处易引起病虫害的侵入，加重果树、林木的雪害程度。常绿树的雪害一般重于落叶树。

家畜遭受雪害表现为畜体瘦弱，颤动不止，导致死亡。我国北方牧区把雪灾称白灾，详见白灾。

防御及补救 ①营造防护林带，增加植被覆盖。有林带保护的草场不仅可以有效降低风速，还能改善草场生态环境，提高地表牧草覆盖率和单位面积牧草产出率。②适时储备饲草料，保障冬春季供应。③冬春季牧场应选择避风、向阳、干燥的地方，垒筑带有防风雪墙的透光保暖棚圈，为畜群战胜暴风雪创造有利条件。还可专门修建牲畜产房和育幼房，对冬春季节产子的母幼牲畜加强保护。④提高暴风雪灾害监测预测水平。充分应用现代信息技术提高暴风雪监测和预测的准确率。

低温冻害

别名	冬季冻害				
易发区域	秦岭、淮河以北的北方农区，长江流域				
易影响作物	小麦、油菜等越冬作物				
易发月份	11	12	1	2	3

灾害形成 作物和果树、林木、蔬菜等在越冬期间（包括晚秋和早春），遇到 0 ℃以下低温或剧烈变温引起植物体冰冻或丧失生理活动，造成植株体死亡或部分死亡。

灾害影响与评估 小麦多采用植株受冻死亡 50% 以上时分蘖节处的最低温度作为冻害的临界温度，即衡量植株抗寒力的指标。抗寒性较强品种的冻害临界温度是 –19~–17 ℃，抗寒性弱的品种是 –18~–15 ℃。

油菜抗寒性较差，易发生冻害，苗期遇 –5~–3 ℃低温，叶片受冻害，初呈烫伤状，最后枯萎死亡。大白菜持续 3 天遭遇 –5℃以下低温，受冻严重，萝卜、花菜等持续 3 天遭遇 –3 ℃以下低温则会受冻。宽皮类柑橘低于 –7 ℃出现轻度冻害，低于 –9 ℃出现中度冻害，低于 –11 ℃出现重度冻害。橙类低于 –5 ℃出现轻度冻害，低于 –7 ℃出现中度冻害，低于 –9 ℃出现重度冻害。葡萄出现冻害的临界温度为 –20~–16 ℃。

果树林木嫩枝受冻后，变成褐色，甚至干枯死亡。当温度继续下降，发育正常的枝条也会发生冻害，使其上叶片生长发育不良，

冬季低温冻害

小麦冬季冻害以叶片受冻为主

再遇严寒便会死亡。树干基部根颈部受冻后，皮层变黑，轻则局部变黑，重则形成黑色环，包围根颈干周，致使整树枯萎死亡。

防御及补救 小麦防御补救措施 ①选用耐寒品种。②适期播种，防止过早拔节。如江苏淮北旱茬小麦适播期在10月上旬、稻茬在10月中旬至霜降，苏中江淮之间在10月下旬，江南地区在霜降后至11月5日之间。③培育壮苗。掌握好播种深度；拔节前进行镇压，抑制地上部旺长，促进根系发育，减轻冻害。④肥水管理。灌好越冬水，保证麦苗生长需要。⑤使用生长调节剂。用多效唑或矮苗壮拌种，或在苗期（拔节前）用矮苗壮60 g/亩兑水叶面喷施，促根增蘖，控旺防冻。⑥冻害发生后，立即追肥、浇水，每亩追施恢复肥的数量根据主茎幼穗冻死率而定，主茎冻死率90%~100%的田块不低于15 kg尿素，主茎冻死率70%左右的田块不低于10 kg尿素，主茎冻死率50%以下的田块不低于5 kg尿素，并注意恢复肥与常规施肥互不抵消。

果蔬防御措施 果树适时浇灌冻水、夏季适时摘心、秋季控制灌水、冬前修剪等措施，另外做好覆盖，如葡萄埋土、果树主干包草、柑橘苗覆盖草帘薄膜等。

小麦低温冻害程度与品种及化除等有关

冻涝

冻涝		别名	低温冬涝或早春涝		
易发区域	华北、东北、西北等地区				
易影响作物	越冬作物				
易发月份	11	12	1	2	3

灾害形成 作物越冬期间受内涝和冰冻形成的综合性灾害，是因农田灌溉不当或大量融雪在冻土层上出现积水而形成涝灾。冻涝害常发生在冬季积雪较多的地区，低洼地、过水地和质地黏重的土壤。

作物受冻涝害的轻重与作物生育时期和抗寒力强弱有关。冬前生长健壮的麦苗，在越冬期间即使全部被水淹没 15~20 天，也不会丧失生活力。但处于越冬末期的麦苗，早春时一般水淹 7~10 天就会受到伤害。

灾害影响与评估 冻涝害是越冬期间作物遭受内涝和冰冻的综合灾害，表现为烂根、死苗严重。我国北方冬小麦区，在有冻土层顶托时就灌返青水，常常形成人为的冻涝害。冻涝害维持时间越长，危害越重。

农作物遭受冻涝灾害

防御及补救 ①选用抗寒丰产性好的小麦品种。暖区和肥地对抗寒性要求可适当放低，高寒麦区和中低产地块应保证较强的抗寒性。②适时播种。冬性偏弱品种不能早播。如前茬是中熟玉米或水稻，小麦应适当迟播以确保高产，冬前至少应达到二叶一心越冬。③深播。华北平原小麦播深应达到 3~4 cm，晚播麦也不宜浅于 2 cm，高寒麦区应达到 5~6 cm。播前做好整地镇压，确保播深一致。④适时浇好冻水。北方当耕层土壤含水量低于田间持水量的 80%或轻壤土相对含水量低于 18%时都应适时浇好冻水，以造成底墒充足上虚下实的良好越冬环境。浇好的标志是地面无积水，浇后至少有十多天反复冻融以利形成良好的表土结构。入冬晚或突然封冻来不及浇冻水的可在冬初晴暖时补墒。⑤冬季压麦耱麦。干土层 3 cm 以上或出现坷垃裂缝时可用树枝耙耱再用石磙压麦，可减轻风袭失墒和稳定地温。注意不要在地冻得最硬时压麦以免造成机械损伤，严冬期可在中午前后进行。

土壤掀耸

别名	冻拔、凌抬				
易发区域	黄淮海、长江中下游、华北地区				
易影响作物	小麦等越冬作物				
易发月份	11	12	1	2	3

灾害形成 由冻结时土壤孔隙中的水结成冰晶，之后又融化引起，又称“冻拔”或“凌抬”。在越冬期间有寒潮南下，降温之前有雨雪，雨雪后最低气温在 –5 ℃以下，土壤冻结层有 5~7 cm，昼融夜冻，连续 4~5 天，土壤在冻结和解冻的反复交替下，其表层不断隆起和下沉，使作物根系断裂或分蘖节暴露于地面，则形成掀耸危害。

土壤掀耸常出现在土壤质地黏重、养分不足，土壤结构不良和含水量过高的地段。在我国，土壤掀耸主要发生在越冬作物无明显休眠期的地区，如华中、华东地区冬小麦无明显休眠期，华北中部的低洼湖区、托水地或冻水大水漫灌，也会发生。此外，北方高寒地区或低洼地区的林木苗圃也常有发生。

灾害影响与评估 土壤掀耸有“根拔”和“凌截”两种类型。当发生根拔时，作物的分蘖节或根系抬出地表后冻死或枯干，如越冬前仅有 2~3 片叶的小麦幼苗容易发生根拔；凌截则是作物植株在冻土层和非冻土层之间被抬断，如小麦幼苗在幼芽鞘出土 2~3 cm，

“根拔”冻害扯断了麦苗

长出 1~2 片真叶时容易发生凌截。土壤掀耸危害的轻重与农业措施有密切关系，一般播种浅、分蘖节分布浅的麦苗受害重；分蘖良好，在土壤层有大量水平向侧根的受害轻。

防御及补救 ①适期早播培育壮苗，播种深度适当，保证分蘖节深度在 3 cm 左右。②越冬期间对冬作物进行镇压。③适当控制田间土壤水分，冬灌需注意选择合适的时间，最适宜的时间以夜冻昼消气温在 4℃时为宜，气温低于 4℃时冬灌就有发生冻害的危险。冬灌还应视土质、苗情、墒情灵活掌握。黏土应适当早浇，避免封冻前水分不能全部下渗而发生冻拔。④造林时可采用窄缝法。⑤对林苗可采取培土、踩实、增高畦面等措施。

草原白灾

别名							
易发区域	北方牧区						
易影响作物	畜牧						
易发月份	10	11	12	1	2	3	4

灾害形成 指冬春降水过多、积雪过厚、雪层维持时间过长致使草场较长时间被积雪覆盖，导致牲畜采食困难，冻饿掉膘甚至出现死亡的一种雪灾。它是中国发生频繁、影响最严重的一类雪灾，也是牧区常发生的一种气象灾害。

我国草原白灾多发地区主要是大兴安岭以西和阴山以北的广大牧区、祁连山牧区、新疆北部部分山地牧区、藏北高原和青海南部，这些地区几乎每年都会发生不同程度的白灾。10 月至翌年 4 月是草原白灾的高发期，按其发生的气候规律可分为猝发型和持续型两类，前者发生在暴风雪天气过程中或以后，在几天内保持较厚的积雪对牲畜构成威胁，多见于深秋和气候多变的春季；后者达到危害牲畜的积雪厚度随降雪天气逐渐加厚，密度逐渐增加，稳定积雪时间长，可从秋末一直持续到第二年的春季。

灾害影响与评估 草原白灾对畜牧业的危害，主要是积雪掩盖草场，且超过一定深度，或者积雪密度较大，或者雪中夹有冰层雪面覆冰形成冰壳，即使雪层不深，也会严重影响牲畜采食，造成饥饿甚至死亡，老弱幼畜更易受害。除了因采食困难致使牲畜掉膘

白灾致使羊群死亡

草原被大雪覆盖

瘦弱外，还影响秋、冬、春季转场和家畜的保胎繁殖，降低仔畜成活率。灾情严重时或伴有雪崩、风吹雪时，压损棚舍，造成人畜伤亡，还会带来交通堵塞，或破坏通信、输电线路等生命线工程，危及牧区生活必需品和生产资料的供应，严重影响牧民的生命安全和牧区经济生活活动。

积雪厚度高出牧草高度的 30 % 时会形成白灾，超过 65 % 则可形成重白灾。2010 年 1 月，新疆北部出现了 60 年一遇的连续暴雪极端天气，时间长、雪量大、积雪厚、降温剧烈。阿勒泰、富蕴等 6 个气象站最大积雪深度突破历史极值，直接经济损失超过 3 亿元。

防御及补救 防御措施 ①统筹草原生态建设，合理利用草原资源。②建立饲料饲草基地，储草越冬备荒。③加强牲畜棚舍建设，降低白灾损失。④白灾频繁严重地区，适当调整畜群结构，加大抗灾能力强的马的比重。⑤就近利用农区丰富的秸秆、牧草等资源弥补牧区牧草的不足。⑥经常发生严重白灾的地区配备破冰机械。

补救措施 ①发生轻度草原白灾时，可先放马破雪，再放牛群，最后放羊。②发生严重草原白灾时，积极采取紧急补饲、长草短喂及牲畜转场运输等应急救灾措施。③有条件的可实行机械破雪。④选择适宜天气转场到积雪浅的牧场、化雪较快的沙窝或林地。

牧民遭遇白灾及时转场

破雪车辆在牧区破雪开道

草原黑灾

草原黑灾	别名	渴灾				
易发区域	西北地区					
易影响作物	畜牧					
易发月份	11	12	1	2	3	4

灾害形成 指草原冬季持续少雪使依靠积雪解决饮水的牲畜因饥渴而遭受损失或致死的灾害，是牧区干旱的一种形式。黑灾的危害程度不仅与冬季的积雪情况有关，还与地表水的封冻迟早、地下水的埋藏深度以及供水设施等有密切关系。

黑灾的分布与冬季降水分布一致，主要发生地区是新疆准噶尔盆地、甘肃河西牧场及内蒙古自治区的呼伦贝尔、锡林郭勒、乌兰察布和巴彦淖尔等地，其中内蒙古西部重于东部，新疆南部重于北部。各地气候条件不同，黑灾发生期的长短差异很大，一般为90~170天。黑灾有两种类型：一是断续型，发生时间为11—12月和3—4月2个阶段。二是连续型，在黑灾可能发生期内各月都有出现，一般多出现在3—4月，这时期虽有少量降雪，但早春气温回升快，极难形成稳定的积雪，因而这时黑灾出现次数多，灾情重。

草原黑灾

灾害影响与评估 冬季长期降水少、草场积雪浅或无积雪、缺乏供水设施，导致牲畜生理机能失调，新陈代谢受阻，进而出现血浓度上升、掉膘严重、体质瘦弱等现象，延长出栏期，还增加感染疫病和寄生虫流行风险。严重时造成母畜流产甚至牲畜大量死亡。黑灾对牧业的影响不仅限于当前这一栏，往往可能导致整体的下一栏也延误。因此，黑灾虽然不及白灾的影响那么快速和直接，但其间接损失仍不容忽视。

黑灾指标具有一定区域性。中国科学院蒙宁综合考察队根据黑灾发生期内的连续无积雪日数（D_{wx}），可将其分为三级（见表）。1962—1963 年冬，内蒙古自治区乌兰察布市的百灵庙地区长达 117 天无积雪，发生黑灾。

黑灾分级指标

指标	轻黑灾	中黑灾	重黑灾
连续无积雪日数 D_{wx}	$20 \leqslant D_{wx} < 40$	$41 \leqslant D_{wx} < 60$	$D_{wx} \geqslant 60$
灾情	牲畜缺水受影响	牲畜普遍掉膘	牲畜瘦弱，易发疫病

防御及补救 防御措施 ①在少水的牧区，可根据天气预报和当年积雪分布情况，加强牧饲管理以及传染病、寄生虫病的防治，合理进场和转场，外调储备饲草、饲料。②有条件的地方可开辟水源，发展人工灌溉草场，建立冬季饮水补饲点。③加强草场水利设施建设。④调整畜群结构，确保基础母畜、种公畜和改良畜、良种畜的牲畜比重，以提高畜群的抗灾能力。⑤冬季选择适量积雪地区放牧。

补救措施 ①及时转移到有水源的草场。②选择有利地形，采取人工增雪来缓解“黑灾”带来的干旱。③灾后防治传染病、寄生虫病，控制疫病的蔓延，减轻损失。

打井引水解决牛饮水问题

2007 年内蒙古乌兰察布武警边防部队打井饮羊（羊饮水）

打草为越冬做准备

主要参考文献

[1] 郑大玮，李茂松，霍治国 . 农业灾害与减灾对策 [M]. 北京：中国农业大学出版社，2013.

[2] 杨晓光，李茂松，霍治国 . 农业气象灾害及其减灾技术 [M]. 北京：化学工业出版社，2010.

[3] 霍治国，王石立 . 农业与生物气象灾害 [M]. 北京：气象出版社，2009.

[4] 湖北省农业厅，湖北省气象局 . 农业灾害应急技术手册 [M]. 武汉：湖北科学技术出版社，2009.

[5] 张波 . 农业灾害学 [M]. 西安：陕西科学技术出版社，1999.

[6] 中国气象局 . 农民气象灾害防御手册 [M]. 北京：气象出版社，2022.

[7] 郑大玮，郑大琼，刘虎城 . 农业减灾实用技术手册 [M]. 杭州：浙江科学技术出版社，2005.

[8] 农业部种植业管理司 . 东北地区农事旬历指导手册 [M]. 南京：江苏凤凰科学技术出版社，2016.

[9] 王龙俊，郭文善 . 图说农谚 [M]. 南京：江苏凤凰科学技术出版社，2018.

[10] 中华农业科教基金会 . 农业物种及其文化传承 [M]. 北京：中国农业出版社，2018.

[11] 农业部种植业管理司 . 黄淮海地区农事旬历指导手册 [M]. 南京：江苏凤凰科学技术出版社，2015.

[12] 王龙俊，王绍华，郭文善，等 . 农事实用旬历手册（第 2 版）[M]. 南京：江苏凤凰科学技术出版社，2014.

[13] 中华农业科教基金会 . 农谚 800 句 [M]. 北京：中国农业出版社，2014.

[14] 王龙俊，丁艳锋，郭文善，等. 农事实用旬历手册（第 3 版）[M]. 南京：江苏凤凰科学技术出版社，2017.

[15] 程顺和，郭文善，王龙俊，等. 中国南方小麦 [M]. 南京：江苏科学技术出版社，2012.

[16] 中华人民共和国国家质量监督检验检疫总局，中国国家标准化管理委员会，2017. 倒春寒气象指标：GB/T 34816—2017[S]. 北京：中国标准出版社.

[17] 中华人民共和国国家质量监督检验检疫总局，中国国家标准化管理委员会，2012. 冰雹等级：GB/T 27957—2011[S]. 北京：中国标准出版社.

[18] 国家市场管理监督总局，国家标准化管理委员会，2021. 龙卷风强度等级：GB/T 40243—2021[S]. 北京：中国标准出版社.

[19] 浙江省市场监督管理局，2021. 农业设施风灾等级：GB33/T 2335—2021[S].